Petite mathématique
du cerveau

Claude Berrou,
Vincent Gripon

Petite mathématique du cerveau

Une théorie de l'information mentale

« L'homme raisonnable s'adapte au monde tandis que l'homme déraisonnable s'obstine à essayer d'adapter le monde à lui-même. Tout progrès dépend donc de l'homme déraisonnable. »

George Bernard SHAW.

« Je prévois un temps où nous serons aux robots ce que les chiens sont aux humains, et les machines ont ma faveur. »

Claude Elwood SHANNON.

INTRODUCTION

Quel étonnant paradoxe ! L'homme moderne, si savant et brillant technologue, ignore encore à peu près tout des rouages et ingrédients de sa propre réflexion.

Grâce à des bijoux d'optique et d'électronique qu'il a lui-même ciselés, il peut observer jusqu'à des milliards d'années dans le passé et expliquer les premiers instants de l'univers ; il sait manipuler les atomes et les molécules, séquencer et modifier des génomes, construire des machines et des robots habiles, accroître l'espérance de vie moyenne à un rythme fabuleux, bref il est capable de prodiges dont la simple évocation, il y a un peu plus d'un siècle, aurait subjugué Jules Verne lui-même. Mais il sait très peu de choses de l'essentiel. « Entre tant de merveilles du monde, la grande merveille, c'est l'homme », disait Sophocle, et ce qui fait cette merveille, c'est bien sûr sa capacité à apprendre, à imaginer, à élaborer et à créer. De sa technologie informationnelle intime, l'homme n'est toujours pas le maître.

Et pourtant, il cherche, il n'arrête pas de chercher depuis la fin du XIXe siècle, précisément depuis les travaux pionniers de Santiago Ramón y Cajal[1] sur les connexions neuronales. Aujourd'hui, des dizaines de milliers de neuroscientifiques à travers le monde explorent le système nerveux et s'aident de dispositifs dont la précision s'améliore chaque jour pour découvrir toutes sortes de nouveaux détails anatomiques. Pour autant, rien n'a encore été obtenu des principes généraux de l'information mentale.

Quand on soumet un calcul à un ordinateur, 3 + 2 par exemple si l'on n'est pas très exigeant, l'homme de l'art sait comment la machine va s'y prendre pour exécuter la tâche. L'information y est complètement binaire – exprimée par des 0 et des 1 – et des transistors ont été assemblés dans des circuits intégrés pour former des portes logiques (ET, OU, etc.), lesquelles à leur tour servent de briques dans la construction d'opérateurs plus complexes tels que l'additionneur. Il y a une trentaine d'années, il était encore possible de faire de la « rétro-ingénierie[2] », c'est-à-dire un travail d'analyse de circuit intégré en inspectant au microscope ses composants et leurs connexions. Ces circuits contenaient alors quelques centaines ou milliers de transistors et diodes reliés par des pistes conductrices sur un ou deux niveaux d'interconnexion, aisément identifiables. Beaucoup d'étudiants, dans les années 1980, ont passé des journées entières à se former à la microélectronique à partir de circuits existants selon les principes de la rétro-ingénierie pédagogique. D'autres, dans l'industrie naissante des semi-conducteurs et pour des motifs moins nobles, étaient grassement rétribués pour analyser les circuits commercialisés par les concurrents.

La microélectronique a depuis lors multiplié la densité des composants d'un facteur de l'ordre du million[3]. Face à la complexité, la rétro-ingénierie est devenue impossible et d'autant moins envisageable que le nombre de couches de connexions a dépassé la dizaine : sous ces multiples voies de communication, le silicium et les transistors sont désormais invisibles. Dans un proche avenir, la microélectronique en trois dimensions (3D) ira plus loin encore dans la miniaturisation en entassant les composants sur plusieurs strates. Plus personne, à part les concepteurs, ne pourra « comprendre » un circuit intégré.

C'est pourtant ce que les neurobiologistes s'évertuent à faire, mais sur un autre type de matériel : le cerveau, dont ils ne sont pas les architectes, est aussi plus délicat à manier qu'un circuit intégré. Et c'est encore plus difficile pour eux car ils ne savent pas trop ce qu'ils y cherchent. Nul n'a encore vu dans le cerveau à quoi pouvait ressembler l'information mentale alors que l'électronicien, plus serein, connaît très bien ses 0 et ses 1.

Autant le dire d'emblée : ce n'est donc pas d'un travail assidu de rétro-ingénierie neurale – l'étude du circuit – ou neuronale – l'étude du composant – que cet ouvrage tire sa prétention à expliquer l'information mentale. Car de la même manière qu'il n'est pas nécessaire de maîtriser la physique du transistor et les équations de Shockley (l'un de ses inventeurs) pour spécifier ou comprendre une architecture de circuit intégré, il n'est pas non plus indispensable d'en savoir beaucoup de la formidable complexité physico-chimique du cerveau pour essayer d'en saisir l'organisation informationnelle. Au contraire, l'abondante littérature produite aujourd'hui par la vaste communauté internationale des neurosciences (par ailleurs essentielle pour mieux connaître et soigner les diverses pathologies) aurait plutôt tendance, pour celui dont le but est de comprendre la façon dont l'information est venue s'emparer du réseau neural, à cacher des principes qui ne peuvent qu'être simples et en nombre limité. Comme l'exprimait Jean Perrin[4], « la science remplace du visible compliqué par de l'invisible simple ». C'est le credo qui a inspiré les travaux résumés dans cet ouvrage.

Une approche ascendante

Dans *théorie de l'information mentale*, il y a d'abord *théorie de l'information*. C'est de cette jeune science, dont les développements ont été jusqu'ici presque exclusivement suscités et captés par les besoins des télécommunications – communiquer par des moyens électroniques, toujours plus vite, plus loin, plus sûrement – que provient la matière de cet essai. Il s'y ajoute bien sûr quelques connaissances élémentaires de l'anatomie du cerveau que nous espérons avoir été suffisantes pour nous épargner les pièges de l'autodidactisme. Nous avons donc travaillé dans une démarche délibérément réductionniste vis-à-vis de l'ensemble des connaissances acquises ces dernières années par la biologie cérébrale. Il s'en est dégagé, nous semble-t-il, un terreau suffisamment riche pour donner à la théorie de l'information l'opportunité d'une nouvelle contribution à la compréhension du néocortex, cette formidable machine à apprendre. Car d'autres s'y sont essayés avant nous, notamment Alfred Fessard et Henri Atlan[5], mais la théorie de l'information et du codage a beaucoup progressé depuis ces premiers travaux. Elle est devenue plus concrète et moins statistique.

Plus précisément, notre recherche sur le cerveau est née de la comparaison frappante qui peut être faite entre les structures et les propriétés des « décodeurs correcteurs d'erreurs » modernes et celles du néocortex. Il en sera souvent question dans cet ouvrage. Puis, dans une progression ascendante, à partir de l'identification claire des analogies et antinomies entre les deux types de systèmes, nous avons essayé de définir une architecture neurale à la fois techniquement rigoureuse et biologiquement plausible. Bien sûr, nous ne prétendons pas tout expliquer mais nous espérons avoir fait un bout de chemin dans la bonne direction. Notamment, les aspects dynamiques du traitement de l'information mentale (transitions entre messages, raisonnement, etc.) ne sont pas approfondis mais seulement introduits (chapitre 13). Il ne sera pas non plus question de psychologie et d'émotions. En revanche, à la question de savoir comment l'information mentale est matérialisée, la réponse qui sera apportée par degrés successifs dans les chapitres qui vont suivre nous semble précise et vraisemblable. À chaque livre suffit son lot de surprises et parmi celles que nous ferons découvrir au lecteur, le modèle de *mémoire cérébrale numérique* est probablement la plus étonnante.

Cet essai contient un peu de « petites mathématiques », toujours limitées au strict nécessaire et très commentées. Elles ne seront pas un frein à la découverte des principes théoriques que nous avançons et des architectures neurales qui s'en déduisent. Des notes, reportées en fin d'ouvrage, détaillent des aspects techniques ou calculatoires qui pourraient intéresser les plus curieux de nos lecteurs. À vrai dire, la principale motivation dans l'écriture de ce livre a été de viser le lectorat le plus large possible, bien au-delà des cercles d'experts et des clivages disciplinaires, afin de susciter de toutes parts curiosité, interrogations et bien sûr critiques constructives. La compréhension de la cognition et au-delà, la conception de machines véritablement « neuromimétiques » que ce XXIe siècle ambitionne d'offrir à l'humanité sont aujourd'hui l'affaire de nombreux domaines scientifiques. Et ceux-ci n'ont pas encore vraiment appris à se connaître.

Chapitre 1

LE SIÈCLE DES MACHINES PENSANTES

Durant l'été 1956, John McCarthy, jeune docteur en mathématiques américain, invite quelques collègues à le retrouver à l'Université de Dartmouth, dans le New Hampshire, pour plusieurs semaines d'échanges autour d'une nouvelle thématique de recherche qu'il baptise « Intelligence artificielle ». Il se fait aider dans l'organisation de cette rencontre, qu'on appellerait aujourd'hui une « école d'été », par un autre jeune scientifique, Marvin Minsky. Ces deux chercheurs[1] ne se rendaient certainement pas compte de l'importance qu'allait prendre dans l'imaginaire des informaticiens et des *geeks* à venir cet événement fondateur aujourd'hui connu sous le nom un peu pompeux de « Conférence de Dartmouth ». L'intelligence artificielle (IA) et ses applications potentielles n'ont depuis lors cessé de susciter l'intérêt de la communauté scientifique et peut-être plus encore du grand public.

Cependant, après quelques succès très modestes de réalisation matérielle, dont les « perceptrons » utilisés en classification automatique et qui seront rapidement présentés dans le chapitre 7, l'ambition de l'IA s'est progressivement reportée sur la conception de systèmes dits « experts ». Ces logiciels sont capables de reproduire des décisions qu'un expert humain pourrait prendre sur un problème limité, avec un jeu de critères restreint et dans un contexte bien circonscrit. Un exemple assez décoiffant en est donné par le site de Wolfram Alpha[2] : tapez en anglais « somme de $j**3$ de 1 à n », c'est-à-dire $1^3 + 2^3 + 3^3 + ... + n^3$ et il vous sera répondu tout naturellement $\frac{1}{4}n^2(n+1)^2$, formule accompagnée de la courbe représentative. Demandez-lui ce qu'est la nicotine (*what is nicotine ?*) et il vous sera tout révélé de $C_5H_4NC_4H_7NCH_3$. Tapez encore « ATTGACTTATGGAAC » et vous apprendrez que cela représente une séquence du génome humain que l'on trouve généralement dans les chromosomes 2 et 5, aux positions 146051871 et 116898353 respectivement ! Toutefois, l'outil principal de ce système comme de tous les systèmes experts reste le classique ordinateur, dont l'architecture et le fonctionnement sont, comme chacun le suppose, très éloignés de ceux du cerveau. Le XXe siècle ne fut donc pas le siècle de l'IA, sauf dans la littérature de science-fiction et au cinéma.

L'un des participants de la conférence de Dartmouth, aux côtés de McCarthy et Minsky, était Claude Elwood Shannon[3], père de la théorie de l'information et ouvert à toutes les applications de cette science embryonnaire. De manière étonnante, rares sont aujourd'hui les théoriciens ou praticiens de l'information, au sens de Shannon – lequel sera précisé dans le prochain chapitre –, qui s'intéressent à l'IA ou à ses ramifications. Cette faible implication de la théorie de l'information dans le développement des sciences cognitives est d'autant plus surprenante que celles-ci sont encore largement incapables d'expliquer comment l'information est représentée, mémorisée, remémorée et exploitée dans le cerveau. Malgré tous les efforts accomplis ces dernières décennies dans l'exploration du réseau neural biologique, grâce à des procédés de plus en plus sophistiqués (électro-encéphalographie, microscopie électronique, imagerie par résonance magnétique, etc.), le cerveau demeure, du point de vue du traitement de l'information, *terra incognita*. Et il le restera, par l'approche strictement expérimentale, tant qu'on ne sera pas capable de mener des investigations au niveau des « individus neurones » et surtout des connexions – dont le plan varie d'un cerveau à l'autre –, ce qui ne sera pas matériellement possible avant longtemps.

Du côté de la théorie de l'information, elle-même portée par les progrès fulgurants de la microélectronique, des avancées considérables ont été obtenues dans l'écriture de l'information, sa compression, sa protection, son transport et son interprétation. Les systèmes de télécommunications modernes en sont aujourd'hui la manifestation quotidienne. Ces dernières années ont par exemple vu l'émergence de nouveaux procédés de traitement de l'information qui s'appuient sur des échanges de messages à l'intérieur de machines pluricellulaires. Chaque cellule est conçue pour traiter un problème élémentaire de manière localement optimale, et c'est l'échange d'informations entre les cellules qui conduit à un résultat globalement optimal, ou presque. On dit d'un tel traitement de l'information qu'il est *distribué*. Les turbocodes et le turbodécodage, inventions françaises des années 1990, ont ouvert la voie à ce type d'approches. Ils ont été assez rapidement rattrapés par la redécouverte de codes américains plus anciens dits « à vérification de parité de faible densité » (*Low-Density Parity-Check*, LDPC pour faire court). Grâce à ces nouvelles méthodes, le traitement de l'information dans un récepteur de télécommunications s'est fortement rapproché de la façon dont le néocortex effectue ses opérations, par un échange multidirectionnel d'informations locales. Puisque la théorie de l'information mentale que nous proposons trouve ses origines dans le codage pluricellulaire, turbocode et code LDPC essentiellement, nous devrons en expliquer les principes généraux. Ce sera l'objet des chapitres 3 et 4.

Ainsi donc, la rencontre en 1956 de l'IA et de la théorie de l'information, toutes deux dans leurs balbutiements, ne fut que très provisoire. Les deux communautés se sont cependant retrouvées il y a une dizaine d'années, mais indirectement, chacune d'elles cherchant à établir un lien fort avec la « mécanique du cerveau ». Les résultats présentés dans les chapitres suivants sont le fruit d'un rapprochement direct et concret de ces deux grands domaines des sciences de l'information.

Les enjeux

Pauvreté, faim, rareté de l'eau, épidémies, nouvelles maladies, chamboulements climatiques, catastrophes naturelles, tyrannie, guerres, exploitation et obscurantisme sont les fléaux permanents qui frappent l'humanité, depuis ses débuts d'*habilis* jusqu'au plus ou moins *sapiens* d'aujourd'hui. La première mission de la recherche scientifique, à l'échelle mondiale, devrait être un combat incessant contre ces calamités. Mais même en réunissant toutes les forces disponibles, en supposant que la plupart des chercheurs acceptent d'être mobilisés sur ces enjeux majeurs quitte à en négliger d'autres, tels que le développement économique à marche forcée, les mathématiques financières ou la cosmologie quantique, l'intelligence humaine ne suffirait pas. Il lui faut impérativement trouver de l'assistance, non pas seulement de l'intelligence « augmentée » (anglais : *amplified intelligence*[4]) par un effort collectif ou même noosphérique[5], mais de véritables auxiliaires intellectuels. En d'autres termes, il lui faut des *machines pensantes*, pour reprendre le vocabulaire d'Alan Turing[6] ainsi qu'en partie le titre du livre d'Alain Cardon[7].

Homo sapiens a 100 000 ans. Sa connaissance du monde et son savoir-faire technologique se sont accrus selon une progression à peu près exponentielle. Les connaissances techniques ont doublé tous les quinze ans depuis 1700[8] – le début de la « révolution scientifique » –, et le rythme s'accélère aujourd'hui par une sorte d'effet d'avalanche : l'expansion du savoir engendre de nouvelles technologies qui elles-mêmes ouvrent sur de nouvelles connaissances et ainsi de suite. Non pas pour en sourire, mais au contraire avec beaucoup de tendresse et d'intérêt, citons l'état de l'art de la biologie il y a environ 2 400 ans : « Tous les animaux et l'homme lui-même sont composés de deux substances divergentes pour leurs propriétés, mais convergentes pour l'usage, le feu, dis-je, et l'eau. Ces deux réunies se suffisent à elles-mêmes et à tout le reste ; mais l'une sans l'autre ni ne suffit à soi ni ne suffit à rien d'autre. Voici la propriété de chacune : le feu peut toujours tout mouvoir, l'eau toujours tout nourrir. Chacune, tour à tour, surmonte et est surmontée à chaque extrémité, en deçà et au-delà, qu'il lui est donné d'atteindre. Aucune ne peut triompher complètement[9]. » Cet état de l'art devient, au milieu du XXe siècle : « Tous les êtres vivants, sans exception, sont constitués des deux mêmes classes principales de macromolécules : protéines et acides nucléiques. De plus, ces macromolécules sont formées, chez tous les êtres vivants, par l'assemblage des mêmes radicaux, en nombre fini : vingt amino-acides pour les protéines, quatre types de nucléotides pour les acides nucléiques[10]. » Il n'est pas contestable que le dernier pour cent de l'existence d'*Homo sapiens* a bien plus contribué à la science biologique que les quatre-vingt-dix-neuf autres, même si tout n'est pas à effacer dans ce que nous ont transmis nos ancêtres. D'autres pourront en dire tout autant dans quarante ans, non pas du dernier pour cent mais du dernier pour cinq mille, de toutes les sciences. De cette accélération des savoirs et des nombreuses perspectives qu'elle va ouvrir rapidement pour l'humanité, il est peu question dans les médias et, plus regrettablement encore, dans les milieux autorisés des sciences humaines et sociales. On peut aisément trouver, dans un pays comme la France, plusieurs dizaines d'historiens experts des exploits de Jeanne d'Arc ou des amours de Louis XIV mais bien peu s'attellent aux répercussions possibles, dès demain ou après-demain, d'un progrès scientifique que l'on sait pourtant fulgurant. Certains le font cependant pour jouer les Cassandre : la prospective scientifique dépassionnée a moins bonne presse que le principe de précaution.

Pour tenir le rythme exponentiel du progrès scientifique, il nous faut aujourd'hui, comme disent les technocrates, une technologie de *rupture*, un nouveau paradigme. On connaît à peu près les perspectives de progression de la microélectronique classique : des circuits intégrés de quelques dizaines de milliards de transistors avant 2020[11]. Un assemblage de quelques dizaines de ces composants sur un circuit imprimé, puis un raccordement de quelques dizaines de ces cartes dans un boîtier, suivant un principe d'architecture hiérarchique qui reste à définir, cela donnera un total de l'ordre de cent mille milliards de transistors[12]. On peut déjà observer qu'un tel édifice sera bien moins volumineux que le premier calculateur électronique de l'histoire, l'ENIAC[13] de 1946 avec ses 1 800 tubes à vide et 7 200 diodes (vingt-sept tonnes de matériel au total en incluant les châssis et ventilateurs), mais aussi qu'il posera quelques problèmes de dissipation thermique et de refroidissement à partir d'une certaine fréquence de travail. En supposant que cent transistors soient suffisants pour émuler le comportement informationnel d'un neurone, cet appareillage offrirait une puissance de calcul comparable à celle d'une dizaine de cortex humains[14].

Lorsqu'il s'agit de mettre en action des circuits fortement récurrents, c'est-à-dire des circuits dont les schémas des connexions contiennent beaucoup d'allers et retours, et quand par ailleurs de très nombreuses entrées peuvent s'activer simultanément, l'ordinateur classique avec son mode opératoire séquentiel n'est pas approprié ; trop d'incertitudes sur les effets de la sérialisation des instructions sont à redouter. De toute façon, l'objectif annoncé étant de concevoir une machine capable d'apprendre et de croiser des informations pour en produire de nouvelles, ces mille milliards de neurones électroniques ne devront pas être assemblés pour ressembler aux ordinateurs, dont toutes les réalisations jusqu'à ce jour n'ont jamais rien offert d'une telle propriété. Il nous faut considérer un autre type de construction, un véritable *cortex artificiel*, de nature fondamentalement *connexionniste*, c'est-à-dire une machine dont les aptitudes calculatoires reposent tout autant, sinon plus, sur le plan des connexions que sur les composants eux-mêmes. Si l'on souhaite obtenir de ce cortex artificiel des propriétés cognitives proches de celles du cerveau des animaux supérieurs, il semble inéluctable d'avoir à l'organiser autour de neurones et de connexions synaptiques. Mais jusqu'à quel degré de ressemblance fonctionnelle sera-t-il nécessaire d'aller ? C'est *la* question et, sur ce point, les avis des informaticiens divergent considérablement. Pour notre part, des modèles binaires suffiront.

Quoi qu'il en soit, cette machine, dans sa version définitive, ne contiendra aucune unité centrale de traitement, aucune mémoire de type RAM ou ROM, et bien sûr aucun logiciel. Cependant, pour lui permettre d'être en relation permanente avec le monde physique extérieur, une électronique d'appoint classique (ports d'entrée-sortie, transducteurs, convertisseurs, etc.) sera indispensable. Maintenant, cette machine, dont nous montrerons plus loin qu'elle sera capable d'apprendre des millions de milliards de « choses », nous la connectons, *via* Internet, à toutes les encyclopédies en ligne, à toutes les bases de données, aux centaines de millions de sites accessibles, sans oublier Wikipédia et Wolfram Alpha qui nous sont devenus si utiles, quand on les consomme avec modération. En la faisant travailler à une fréquence raisonnable, de l'ordre de 100 MHz et à raison d'une « chose » apprise toutes les centaines de cycles d'horloge (c'est Internet qui limite), une journée d'apprentissage lui donnera un « savoir » supérieur à celui qu'un être humain est capable d'engranger en une vie. Il nous faudra bien sûr préciser ce que sont ces « choses » et ce « savoir ».

En juin 2008, la revue *IEEE Spectrum*[15] a consacré un dossier spécial à la *singularité technologique*. On peut croire ou non à ce tournant majeur à venir dans l'histoire de l'humanité. Cela tient encore aujourd'hui d'une sorte de pari de Pascal dont on peut se faire une idée assez précise à la lecture de l'ouvrage de Ray Kurzweil : *La Singularité est proche*[16], malheureusement non encore disponible en français. De quoi s'agit-il ? Quand la machine que nous venons de décrire succinctement aura beaucoup appris, en supposant par ailleurs qu'elle ait été conçue pour satisfaire à des règles de pertinence dans l'exploration des données, elle sera capable, à l'instar des moteurs de recherche actuels mais beaucoup plus finement, de suggérer à ses concepteurs de s'informer sur tel ou tel moyen, non connu par eux et découvert par elle dans les millions de pages parcourues, susceptible de contribuer à sa propre amélioration. Viendra donc une deuxième génération de machine un peu plus subtile que la première. Celle-ci saura mieux discerner, rejeter ou accepter les informations que la première lui aura transmises. De savante, elle sera devenue intelligente, capable par exemple de recoupements et d'analogies. Puis la troisième génération aura la faculté d'enchaîner des inférences, toujours grâce à des perfectionnements proposés par les machines antérieures. Au bout d'un certain nombre de versions, émergera une machine pensante à qui l'homme pourra par exemple demander en urgence de trouver une parade pharmacologique à une nouvelle mutation de virus et qui fournira une réponse rapidement.

Enfin viendra le temps où la machine n'aura plus besoin de l'intervention humaine pour continuer de s'améliorer, et aussi celui des débats éthiques et religieux (avec ou sans la machine ?) qui seront le signe annonciateur de la singularité technologique. Quand exactement ? Entre 2030 et 2040, peut-être un peu plus tôt...

Chapitre 2

L'INFORMATION

Madame et Monsieur, en ce samedi soir après dîner, font une partie de Scrabble. La radio est allumée et diffuse les tubes du siècle dernier, tout aussi apaisants en français qu'en anglais. Ah, ce « moody blues qui chante la nuit comm' un satin de blanc d'marié[1] »... Mais voici venue l'heure des informations. Monsieur tend l'oreille pendant que Madame, très absorbée, est en quête d'une place sur le tableau de jeu pour le « 7 lettres » qu'elle vient d'aligner sur son chevalet. « Et pour terminer, voici les résultats de la journée de ligue 1 de football : Brest a battu Saint-Étienne 2 à 0 et prend la tête du championnat, même score pour Lorient face à Arles-Avignon... » (journée du 30 octobre 2010). Monsieur sursaute :

« As-tu entendu ?

— Hmm ?

— Brest a gagné 2 à 0.

— On peut mettre un "s" à lambda ?

— Leader... Étonnant ! »

Cette saynète illustre un système de communication multipoint, multiphysique et multimédia, dont une représentation très simple est donnée dans la figure 2.1. On y dénombre cinq canaux de transmission : d'abord électromagnétique de l'émetteur FM vers la radio, puis psychoacoustique de la radio vers Madame et vers Monsieur, ainsi que dans leur propre communication. Tous ces canaux véhiculent de l'*information*, plus ou moins riche, plus ou moins pertinente. Nous utilisons le terme psychoacoustique pour exprimer l'aptitude des fonctions d'émission-réception de Madame et Monsieur à être gouvernées par des variables de contrôle psychique relevant par exemple de l'attention, de la concentration ou de la vigilance[2].

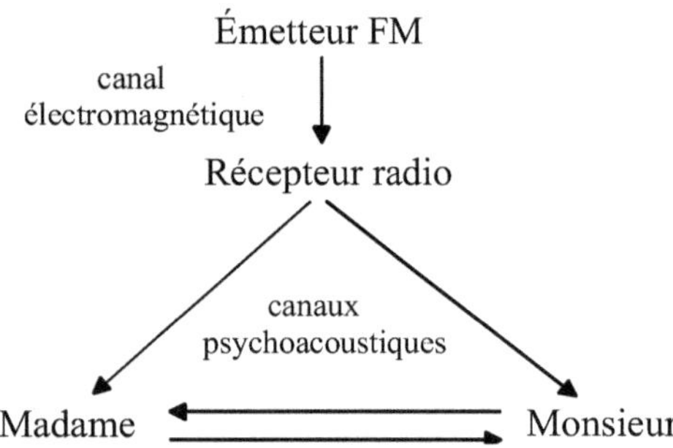

Figure 2.1. Les canaux de communication dans la partie de Scrabble de Madame et Monsieur.

L'espace, le temps et... l'information

Peu nombreux sont les mots qui ont pris, au cours du XXe siècle, autant d'importance que celui d'information. Rares également ceux qu'il est aussi difficile de définir. De la course de Phidippidès qui paya de sa vie le transport d'une seule valeur binaire[3] aux millions de pixels d'une photographie numérique, du démon de Maxwell à l'hypothétique ordinateur quantique, de la néguentropie de Brillouin[4] à l'axe imaginaire, très imaginaire, du temps des frères Bogdanov[5], la palette des sentiments est très large. Même l'étymologie (latin *in-forma-tio* : mise en forme) n'est pas explicite, le mot ne suggérant aucune idée de communication alors que l'information qui ne se propage pas est sans intérêt. C'est aussi un mot auquel il est difficile de trouver un synonyme et que le lecteur nous pardonnera de répéter à longueur d'ouvrage. Ce qui est patent en revanche, c'est que l'information, dans son acception la plus large, est au cœur de nos existences ; elle est la variable principale des équations de notre développement : des quatre caractères de l'ADN aux vastes réseaux sociaux d'Internet, en passant par l'invention de l'imprimerie, c'est l'information qui tire la vie et le progrès[6]. Il n'est pas exagéré d'attribuer à l'information un statut proche de celui d'une dimension, au même titre que l'espace et le temps, dans le cheminement de la vie qui a commencé sur notre planète il y a quelques milliards d'années. C'est l'information qui a inventé l'homme, et non le contraire. Elle est venue se nicher partout, sous la forme de nucléotides dans les chromosomes, de caractères imprimés ou de gigaoctets dans les DVD-Rom. Elle a investi le système nerveux des animaux, d'*Homo sapiens* en particulier, d'une manière qui reste encore mystérieuse. Nous espérons dans cet ouvrage lever un peu du voile épais qui entoure la genèse de l'information mentale.

Pour analyser la scène du Scrabble dans ses aspects informationnels, au moins quatre grandeurs sont à considérer : l'information, la supervenance, la pertinence et l'attention.

1 – L'information, qu'est-ce que l'information ? Pour Shannon, c'est plutôt simple : elle est ce qui contribue à lever l'incertitude et celle-ci se mesurant avec des probabilités, l'information est affaire de probabilités et de statistiques, par conséquent de nature strictement mathématique[7]. L'information, telle que la présente Shannon, doit donc être le résultat quantifié d'une correspondance directe avec la possibilité d'un événement. Soit x un événement pouvant se produire dans un ensemble de possibilités X *fini* et *connu*, par exemple l'obtention d'un as de pique après tirage aléatoire dans un jeu de trente-deux cartes, puis d'un autre as de pique après tirage dans un deuxième jeu. Comment se mesure l'information apportée par ce très mauvais présage ? La probabilité de tirer une carte particulière parmi trente-deux possibles est 1/32 si le jeu n'est pas truqué. La probabilité d'obtenir un couple donné à partir de deux jeux distincts est $1/32 \times 1/32$. Les probabilités, en effet, se multiplient lorsqu'on combine des événements indépendants alors que Shannon souhaitait que les mesures d'information puissent s'additionner. Or il existe dans l'arsenal des outils mathématiques une fonction très

usuelle qui permet de transformer une multiplication en une addition : le *logarithme*. Quels que soient les nombres positifs a et b, on a toujours : $log(a \times b) = log(a) + log(b)$. Il restait à choisir la base de cette fonction logarithme, laquelle devait être le nombre entier le plus petit possible, mais différent de 1, pour pouvoir finement rendre compte de la richesse d'une information. Ce fut donc 2. Tout cela conduisit à exprimer l'information $I(x)$ apportée par la réalisation de x sous la forme :

$$I(x) = -log_2(P(x)) \tag{2.1}$$

où $P(x)$ est la probabilité d'apparition de x et log_2 le logarithme en base 2. $P(x)$ étant inférieure ou égale à 1, l'information est toujours positive ou nulle et se mesure en bits[8]. L'illustration la plus simple de cette formule est celle de l'arbitre qui va obtenir, avant le match, un bit d'information en lançant la pièce du « toss ». Les probabilités de pile et face sont en principe toutes deux égales à 1/2 et l'on a bien : $-log_2\left(\dfrac{1}{2}\right) = log_2(2) = 1$ bit d'information. Le tirage de l'as de pique apporte quant à lui : $-log_2\left(\dfrac{1}{32}\right) = log_2(32) = 5$ bits et deux as de pique extraits simultanément de deux jeux de cartes fournissent 10 bits d'information.

Considérons un autre calcul, avec cette fois-ci des probabilités qui ne sont pas uniformes. En fixant la probabilité *a priori* (*i. e.* sans connaître les résultats des journées précédentes) qu'un club particulier soit en tête du championnat de football, à tout moment de la saison 2010-2011, en proportion de son budget de fonctionnement rapporté au budget total des 20 équipes, la probabilité que ce fût Brest était de $0{,}022$[9]. Selon ce principe et d'après l'équation (2.1), Monsieur a reçu ce soir-là 5,5 bits d'information sur le nom du leader. Si tous les clubs avaient disposé du même budget, soit $P(x) = 1/20$ pour tout x, ce sont 4,3 bits qui auraient été délivrés par le journaliste pour désigner n'importe lequel des clubs, toujours d'après (2.1). L'étonnement de Monsieur se mesure donc à hauteur de 5,5 – 4,3 = 1,2 bit, ce qui n'est pas un énorme accroissement de la valeur 4,3 obtenue sous condition de répartition uniforme[10].

La formule générale qui permet de calculer l'information binaire moyenne fournie par la *source X* d'événements possibles, quelle que soit la répartition de $P(x)$, est :

$$H(X) = \sum_X P(x)I(x) = -\sum_X P(x)log_2(P(x)) \qquad (2.2)$$

c'est-à-dire la somme, sur l'ensemble X des possibles, des informations $I(x)$ pondérées par les probabilités $P(x)$. La grandeur $H(X)$, appelée *entropie* de la source X, est l'une des pierres angulaires de la théorie de l'information initiée par Shannon. L'entropie mesure la richesse de X, en tant que fournisseur d'information. Dans le vocabulaire de la physique, l'entropie telle qu'elle fut introduite par Rudolf Clausius[11] et développée par Ludwig Boltzmann[12] est une mesure du désordre énergétique dans un système thermodynamique, elle aussi définie par un logarithme. Shannon a repris le terme à son compte pour désigner le degré d'incertitude d'une source d'information dans l'émission de ses messages. Ainsi, si parmi tous les messages x possibles, seul doit toujours être émis l'un d'entre eux – appelons-le $x_{certain}$ –, alors $P(x_{certain}) = 1$ et $P(x) = 0$ pour tous les autres. D'après (2.2), l'entropie est nulle[13], désespérément nulle et la source X ne présente dans ce cas extrême aucun intérêt informationnel, à l'exemple d'un communiqué de presse qui annoncerait que le soleil s'est encore levé à l'est ce matin. À l'opposé, si n messages ont la même probabilité d'émission $1/n$, l'entropie est maximale et vaut exactement $log_2(n)$ bits.

Mais tout ceci n'est que mesure probabiliste et la théorie de l'information n'est pas une science déductive. Elle fournit les concepts, les tendances et les limites théoriques mais ne donne pas d'indications immédiates sur la façon d'atteindre les performances idéales. Les solutions pratiques sont à trouver ailleurs que dans les lois statistiques[14]. En d'autres termes, nous allons laisser de côté la formule (2.2) que la nature ne connaît pas et qui ne nous sera pas de grande utilité dans nos constructions neurales très concrètes. Il était quand même indispensable d'introduire proprement la notion d'information. Et puis, elle est si belle, si moderne, cette formule de l'« entropie shannonienne »...

En supposant que la radio du foyer de Madame et Monsieur utilise un standard de communication numérique tel que DAB[15], dans lequel un programme audio stéréophonique requiert un débit binaire d'environ 200 kbit/s, ce sont à peu près un million de bits transmis par l'émetteur FM qui ont permis à Monsieur d'apprendre que son équipe préférée venait de prendre la tête de la ligue 1 de football. Cette quantité d'information binaire, de nature physique, est sans commune mesure avec la quantité d'information résultante, de nature cognitive (5,5 bits). Il en est de même de tous nos sens. Par exemple, il n'est pas dans la vocation du cortex visuel d'acquérir, au pixel près, toute la richesse de détails, de contrastes et de couleurs des tableaux majeurs de Jacques-Louis David, mais seulement d'en retenir à chaque fois des impressions significatives, lesquelles requièrent effectivement peu de ressources dans la mémoire. Voilà pourquoi, du point de vue de l'information, il est nécessaire de distinguer nettement le monde physique exubérant, *incluant les systèmes nerveux sensoriel et moteur*, du monde mental très parcimonieux. Il nous semble que le caractère fortement compresseur de tels transferts d'information, semblables au codage de source[16] irréversible des systèmes de communications, n'a pas encore été suffisamment pris en compte dans les théories neuropsychologiques[17].

2 – La *supervenance*[18] n'est pas un concept de la théorie de l'information classique mais elle joue un rôle fondamental dans la théorie de l'information mentale puisqu'elle commande les processus d'apprentissage. Dit simplement, un événement est *supervenant* quand il n'appartient pas à l'ensemble X des possibles. Sa probabilité est donc nulle *a priori*. Elle peut le rester si le récepteur rejette l'événement (comme trop compliqué ou complètement incongru) ou prend une certaine valeur *a posteriori* en cas d'acceptation, c'est-à-dire d'extension ou de modification de X. Si Monsieur avait compris « Brest a battu le FC Thoune 2 à 0 et prend la tête du championnat », plusieurs options se seraient offertes à lui. La première aurait

été de se promettre de ne plus jamais abuser du muscadet en compagnie des demoiselles du Guilvinec[19] et de répondre par un déni immédiat, tant ses connaissances géographiques et footballistiques de la France et de la Confédération suisse sont sûres et inaltérables. Les autres options auraient toutes conduit à des situations d'*abduction*[20] plus ou moins approfondies selon l'intérêt porté à l'événement. Le résultat de la réflexion amènerait, ou non, à modifier X. La supervenance déclenche donc un travail d'analyse (l'événement n'est pas conforme à l'état courant de la liste des possibles), éventuellement suivi d'une phase d'apprentissage (la liste est mise à niveau). Dans tous les cas, l'objectif premier de l'activité mentale est, à tout moment, de minimiser l'écart entre les messages représentatifs de la réalité physique en entrée du néocortex – l'information incidente – et les messages qu'il est lui-même capable de former sans effort particulier – l'information présente. Madame, quant à elle, n'a pas hésité une seconde à étendre le champ X de son vocabulaire en apprenant par le dictionnaire que le lambda, en plus d'être la lettre grecque invariable, est aussi « la fontanelle postérieure du crâne, située entre les os pariétaux et l'occipital ».

3 – La pertinence d'un événement, qu'il soit probable (probabilité $P(x)$ non nulle) ou supervenant ($P(x) = 0$), qu'il soit d'origine externe (le monde physique) ou interne (le produit d'une réflexion), se mesure par rapport à la nature et à l'importance de l'activité mentale en cours. Il est bien entendu que nous ne considérons pas ici les événements qui induisent des réactions « précâblées » (réflexes), lesquelles ne sollicitent pas l'assistance du néocortex. Pour la radio de Madame et Monsieur, toute l'information reçue, c'est-à-dire la succession de 0 et de 1 envoyée par l'émetteur dans une bande de fréquence préétablie, est pertinente car c'est son travail exclusif que de les saisir et de les transformer en un son de qualité. Pour Madame, concentrée sur l'opportunité de revenir au score grâce à un bon Scrabble, les mots prononcés par Monsieur apparaissent comme produisant du *bruit*[21] mental et sont rejetés, plus ou moins consciemment. La notion de pertinence fait l'objet de nombreux travaux en neuropsychologie, lesquels vont bien au-

delà du cadre et des objectifs de nos travaux actuels. Nous nous contenterons de montrer, plus loin dans cet ouvrage, comment des signaux neuraux peuvent être filtrés par des effets de seuillage, c'est-à-dire de contrôle d'activité des neurones selon le principe très fruste du « tout ou rien ».

Les mécanismes de l'attention permettent quant à eux de sélectionner dans la multitude des événements qui surviennent à tout moment à l'entrée comme à l'intérieur du néocortex, ceux qui peuvent servir à exécuter la tâche courante. Contrairement à la pertinence, l'attention déteste la supervenance. Elle cherche à limiter l'espace de travail à ce qui a été déjà bien assimilé, et si possible en petite quantité. Ainsi, lorsqu'on lit un document, l'attention permet une reconnaissance très rapide, quasi automatique des caractères et des mots qui les agrègent, mais dès que *supervient* un terme inconnu, le processus mental doit « changer de focale ». Puisque le mot est dans le document, c'est qu'il est pertinent et s'il est à la fois pertinent et supervenant, il y a de grandes chances qu'il soit, après enquête, rangé dans l'ensemble X des possibles.

Le schéma de la figure 2.2 rend compte de ce qui vient d'être dit pour modéliser, de façon très sommaire, l'activité informationnelle du néocortex. Du canal physique, incluant les capteurs biologiques[22], arrivent de multiples messages sensoriels et physio-

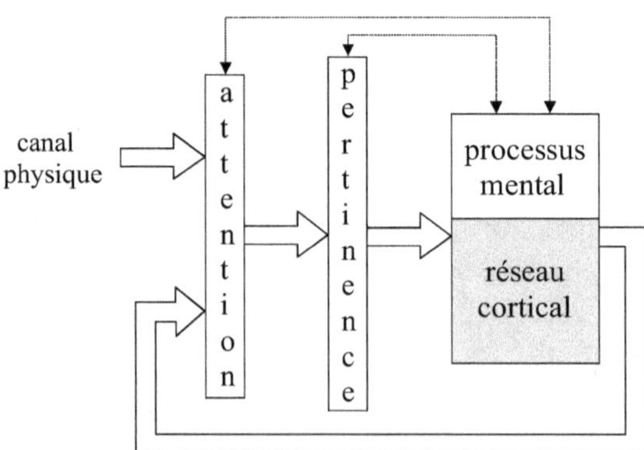

Figure 2.2. Architecture informationnelle sommaire du néocortex.

logiques qui sont triés par les fonctions d'attention et de pertinence, lesquelles sont sous le contrôle permanent du processus mental global. En parallèle, des informations déjà présentes dans le réseau cortical y reviennent pour être exploitées en cas de besoin. Processus mental et réseau cortical sont artificiellement séparés dans ce modèle ; ils sont en réalité étroitement imbriqués, le premier étant immanent au second.

Le réseau cortical va être l'objet de toute notre attention dans les chapitres qui vont suivre. Pour cela, nous devrons préalablement introduire et expliquer, jusqu'à un certain niveau de détail, les concepts de redondance, de graphe et de parcimonie. Tout cela nous permettra de démythifier l'information mentale sur les principes de sa texture, de sa formation et de sa restitution. Dans un ouvrage réputé, du moins de l'autre côté de l'Atlantique, l'inventeur du Palm Pilot Jeff Hawkins, aujourd'hui complètement investi dans les neurosciences, soutient avec force l'opinion suivante : « La plupart des scientifiques disent qu'à cause de sa complexité, il faudra très longtemps pour comprendre le cerveau. Je ne suis pas d'accord. La complexité est un symptôme de la confusion, pas une de ses causes. De plus, je prétends que nos rares hypothèses intuitives sont fausses et nous égarent. La plus grosse erreur est de croire que l'intelligence est fondée sur un mécanisme intelligent[23]. » Il n'y a pas pour nous meilleure façon de rassurer nos lecteurs que de reprendre ses arguments. Ce qui va suivre sort des sentiers battus, certes, mais le chemin de la promenade restera très praticable.

Chapitre 3

LE CODAGE REDONDANT

À l'Institut de France, mais seulement le jeudi, redondance est un très vilain mot. Il y est alors, dans les quarante fauteuils, synonyme de redite, de pléonasme ou de superfétation. À l'extrême opposé, chez les mortels, la redondance est un moyen par lequel la tolérance aux fautes des systèmes critiques peut être considérablement augmentée. Dans un avion de ligne, par exemple, plusieurs calculateurs effectuent le même travail – mais avec des logiciels conçus par des équipes différentes – pour délivrer les signaux électriques nécessaires aux commandes de gouverne et à d'autres tâches aussi cruciales. En cas de panne de l'un d'entre eux, les conséquences ne sont pas fâcheuses si les autres calculateurs émettent des avis concordants. La vie elle-même s'appuie sur de forts taux de redondance : songeons aux dizaines de milliers de milliards de cellules du corps humain qui portent chacune le même génome, aux erreurs de recopie près. L'écriture de ce génome est aussi très redondante avec d'une part des introns non codants plus nombreux que les exons, d'autre part, à l'intérieur de ces exons qui portent les gènes, 64 possibilités d'encodage local par des triplets de caractères A, C, G ou T, appelés codons, pour seulement 20 acides aminés exprimés[1]. La vie a, semble-t-il, conduit son évolution en s'appuyant sur les propriétés antagonistes de parcimonie et de redondance, dont nos cortex aussi, dans un subtil dosage, ont largement profité.

Le poète inaudible

La redondance nous est très utile dans la vie quotidienne, qu'il s'agisse d'adjoindre une clé de deux chiffres à un relevé d'identité bancaire ou à un numéro de Sécurité sociale afin de pouvoir déceler une éventuelle erreur d'écriture ou encore d'accompagner le nom d'une ville par un code postal pour fiabiliser la distribution du courrier. Le langage lui-même est très redondant, surtout s'il est d'origine latine. Et cela nous est précieux lorsqu'il s'agit de comprendre, dans le brouhaha du ressac, le poète qui déclame :

> « L* mer ! P*rtout la mer ! Des flo*s, des *lots encor.
> L'oi*eau fat*gue en v*in son i*égal essor.
> I*i les flots, là-*as les onde* ;
> Toujo*rs des fl*ts sa*s fin par des *lots rep*us*és ;
> L'œil *e voit q*e de* flots *ans l'abî*e enta*sés
> R*uler sou* les va*ues *rofondes[2]. »

Dans ce texte d'un peu plus de deux cents caractères, vingt-sept ont été perdus au cours de la communication et, faute de mieux, remplacés par des astérisques. Il est plutôt aisé de réparer et de comprendre le message malgré le propos peu ordinaire de l'auteur. Le *canal de transmission* en sortie duquel a été délivré le poème est dit *canal à effacement*. Mais ce sixain pourrait nous arriver dans un état encore plus délabré :

> « Lb mer ! Pxrtout la mer ! Des flous, des plots encor.
> L'oiweau fatlgue en vvin son ipégal essor.
> Ili les flots, là-ras les ondeu ;
> Toujokrs des flats sais fin par des blots reppusiés ;
> L'œil se voit qle deu flots pans l'abîre entausés
> Rruler souk les vacues trofondes. »

Ici, vingt-sept caractères, les mêmes que ceux qui avaient été effacés durant la première transmission, ont été modifiés. La réparation est autrement plus délicate et d'autant plus que certains des mots erronés, tels que « flous » et « plots », appartiennent aussi au dictionnaire français.

Ce texte très abîmé donne une idée de ce qui peut être capté par un récepteur de télécommunications après une transmission dans un milieu de propagation très perturbé, si aucune précaution n'est prise à l'émission. Pour contrer ces effets sévères dus au bruit électronique, aux évanouissements du champ électromagnétique et aux interférences qui effacent ou transforment les caractères, il importe d'ajouter à l'émission une redondance soigneusement élaborée. Les systèmes de télécommunications modernes ne peuvent pas se passer de cette redondance devenue indispensable avec l'accroissement des débits et des utilisateurs, ainsi qu'avec la mobilité. Il en est de même pour les mémoires de masse, CD et DVD-Rom, disques durs d'ordinateur, etc., que la miniaturisation très poussée des motifs optiques ou magnétiques rend plus sensibles aux perturbations lors des opérations d'écriture ou de lecture. Cette redondance, nous l'appellerions volontiers *robustance* pour la distinguer nettement de la superfétation, mais le néologisme serait bien téméraire en ces temps de rigueur linguistique !

Jeux de mots

Dans toutes les applications numériques, la science de la redondance s'appelle *codage de canal* ou *codage correcteur*. Beaucoup a été dit et écrit sur le codage correcteur[3] et ce n'est pas l'objet de ce livre que d'en dresser l'état de l'art. Il nous faut cependant en rappeler les notions et notations incontournables, lesquelles nous seront plus tard indispensables dans l'introduction et l'explication des principes, des codes et des algorithmes de la mémoire cérébrale, dont les premières qualités sont d'être robuste et pérenne, et donc *nécessairement* redondante.

Dans le vacarme des vagues déferlantes, pour mieux se faire comprendre, le poète ressasse : « des flots, des flots encor ». Il utilise le plus simple des codes redondants : la répétition. Simple mais pas très efficace : si l'on reçoit « matin, malin », on ne peut décider qu'il s'agit de « matin, matin », de « malin, malin », voire même de « marin, marin » si deux erreurs, au lieu d'une seule, se sont glissées durant la communication. Plus subtilement – et c'est le principe fondamental du codage correcteur – le message à faire passer peut être accompagné d'un synonyme, par exemple « matin, aurore ». Si une erreur vient transformer le *mot de code* formé par la concaténation du message initial et du synonyme en « malin, aurore » ou « matin, aurwre », l'utilisation d'un dictionnaire d'équivalence permettra de retrouver le bon duo en testant toutes les possibilités de substitution d'une lettre par une autre. Sur ce principe de recherche d'équivalence, il est même envisageable de pouvoir corriger deux erreurs et de rectifier quelque chose d'aussi bizarre que « patin, turore ». Mais cela prendra plus de temps car le *décodeur* devra considérer toutes les combinaisons de remplacement de deux lettres par deux autres[4].

Ce qui vient d'être expliqué repose sur une propriété lexicographique qui vaut dans toutes les langues : lorsque deux mots sont proches dans leur écriture (matin, malin), il y a peu de risque que deux de leurs synonymes (aurore, futé) le soient également. Le codage correcteur d'effacements ou d'erreurs dans les systèmes de télécommunications et dans les mémoires de masse s'appuie sur la même propriété, mais les messages y sont numériques et non plus des mots du dictionnaire.

Un message numérique est une suite de caractères ou de symboles prélevés dans un alphabet de taille finie, tout simplement deux lorsqu'il s'agit de l'alphabet binaire $\{0;1\}$. Il n'y a pas plus élémentaire que cet alphabet devenu celui de notre quotidien numérique et aussi, selon notre théorie et depuis des temps immémoriaux, celui de l'information mentale. Voici un message de quatre caractères : $\mathbf{d} = (d_1, d_2, d_3, d_4)$ dans lequel chacune des données d_1, d_2, d_3 et d_4 peut prendre la valeur 0 ou 1. Supposons que l'un de ces messages, 1001 par exemple, doive être envoyé au bout du monde et qu'il ne soit pas certain que l'un ou plusieurs des quatre caractères ne soient pas perdus ou modifiés en cours de route. Le destinataire peut donc recevoir 1**1 et en être très dépité. Pire encore, son récepteur peut lui délivrer 1111, qui sera malheureusement pris pour argent comptant car ce message appartient à l'ensemble des seize possibles. Que peut-on donc imaginer pour protéger $\mathbf{d}$?

Le code correcteur d'effacements ou d'erreurs le plus simple qui ait été proposé (en 1950) et qui ne soit pas le code à répétition est le code de Hamming[5], dont une variante courte permet justement d'encoder tout message de quatre caractères binaires en lui adjoignant un autre message, entièrement redondant et de même taille quatre : $\mathbf{r} = (r_1, r_2, r_3, r_4)$. La façon dont $\mathbf{r}$ est calculé en fonction de $\mathbf{d}$, c'est-à-dire la construction du synonyme, est la suivante : le bit de redondance de rang j dans $\mathbf{r}$ est égal au bit de même rang dans $\mathbf{d}$ si le nombre total de 1 y est pair ou à son opposé (0 devenant 1 et inversement) si ce nombre est impair[6]. Par exemple, 1100 est accompagné de 1100 et 1000 de 0111. La table 3.1 fournit les seize mots de code que cette règle engendre et dont on remarque qu'ils sont toujours différents, deux à deux, par au moins quatre caractères. On ne peut pas trouver meilleur algorithme de codage redondant pour discriminer seize mots binaires de longueur huit, c'est-à-dire les rendre les plus dissemblables possibles. Si une erreur se glisse dans la transmission d'un des mots de code, par exemple le mot « tout à zéro » qui serait reçu 10000000, le décodeur non seulement ne reconnaîtra pas « l'un des siens » mais sera aussi capable de proposer 00000000 comme message rectifié, les quinze autres demandant tous trois ou plus de trois corrections. Le décodeur est très cossard ! Il l'est tout autant pour récupérer trois caractères effacés ; par exemple 00*0*00* sera reconnu comme le mot « tout à

$d_1d_2d_3d_4r_1r_2r_3r_4$	$d_1d_2d_3d_4r_1r_2r_3r_4$
0 0 0 0 0 0 0 0	1 0 0 0 0 1 1 1
0 0 0 1 1 1 1 0	1 0 0 1 1 0 0 1
0 0 1 0 1 1 0 1	1 0 1 0 1 0 1 0
0 0 1 1 0 0 1 1	1 0 1 1 0 1 0 0
0 1 0 0 1 0 1 1	1 1 0 0 1 1 0 0
0 1 0 1 0 1 0 1	1 1 0 1 0 0 1 0
0 1 1 0 0 1 1 0	1 1 1 0 0 0 0 1
0 1 1 1 1 0 0 0	1 1 1 1 1 1 1 1

Table 3.1. Les seize mots du code de Hamming.

zéro », car tous les autres demanderaient à modifier un ou plusieurs des caractères connus.

En plus de pouvoir corriger une erreur ou de retrouver trois caractères effacés, le code de Hamming peut *détecter* deux erreurs. Ainsi, si le message reçu est 00000011, le décodeur ne reconnaît pas un mot de code valide mais est incapable de choisir entre les quatre mots de code qui sont à *distance* deux du message reçu, c'est-à-dire qui n'en diffèrent que par deux caractères (voir table 3.1). Il n'est donc pas toujours possible d'enchaîner détection et correction d'erreurs. Ce code très court, aux mathématiques très élémentaires, a été largement utilisé dans les applications aujourd'hui obsolètes de téléscription : télétypes et autres téléimprimantes que l'on pouvait rencontrer dans les salles de marché ou sur les navires de la Marine nationale. Il continue aujourd'hui sa carrière dans le télétexte de nos téléviseurs.

Plus généralement, pour tout code et pour toute longueur de message, le nombre de caractères qui diffèrent au minimum entre deux mots de code est appelé *distance minimale*[7]. Ce paramètre, noté δ (delta) dans la suite, est fondamental dans la théorie du codage correcteur puisque de sa valeur dépend directement le pouvoir de correction du décodeur. Il est assez facile de démontrer que le décodeur d'un code de distance minimale δ peut retrouver $(\delta - 1)$ caractères effacés ou corriger $\left\lfloor \dfrac{\delta - 1}{2} \right\rfloor$ erreurs, les crochets $\lfloor \; \rfloor$ signifiant « partie entière de ». Nombre de chercheurs se sont échinés pendant des décennies à trouver les codes aux valeurs de δ les plus élevées possibles, non plus sur des messages de quatre bits mais sur des messages de longueur quelconque, plus adaptée aux applications pratiques.

On conçoit qu'il peut être assez aisé d'accroître la distance minimale d'un code en augmentant son *taux de redondance*, rapport de la longueur de **r** à celle de **d** et que l'on désigne par la lettre τ (tau). Mais cela coûte cher en *bande passante*, ressource rare des systèmes de télécommunications, ainsi qu'en énergie. Le véritable facteur de mérite d'un code n'est donc pas directement δ mais une sorte de rapport qualité/prix dans lequel la qualité est la valeur de la distance minimale, et le prix à payer la longueur normalisée du mot de code : $1 + \tau^8$. Le facteur de mérite s'écrit donc :

$$F = \frac{\delta}{1 + \tau} \tag{3.1}$$

Ainsi, lorsque aucun codage n'est utilisé, on a $\tau = 0$ (pas de redondance) et $\delta = 1$ (deux messages distincts et quelconques peuvent n'être différents que par un seul caractère), ce qui donne $F = 1$. Pour le code de Hamming, les paramètres deviennent $\tau = 1$ et $\delta = 4$ et par conséquent $F = 2$. Tout l'art de l'« expert en redondance » est tourné vers l'obtention de valeurs de F les plus élevées qui puissent être[9], valeurs qu'il obtiendra pour de longs messages par des règles de construction de **r** bien plus complexes que celles du code de Hamming, qui nous sert juste de cas d'école.

Mais ce n'est pas tout de construire un code performant avec une grande valeur de F. Encore faut-il pouvoir le décoder. Pour ce qui est du code de Hamming, le décodage parfait s'effectue en peu d'opérations. Il s'agit de comparer le message reçu, représentant l'un des mots de code émis et éventuellement altéré pendant sa transmission, avec la totalité des seize solutions idéales possibles. Le critère de sélection est simplement le minimum de caractères qui diffèrent entre ce que l'on a reçu et ce qui est valide. Cette technique de comparaison exhaustive est bien sûr réservée au décodage de codes très courts et ne peut pas être mise en œuvre pour les codes pratiques, lorsque le message encodé contient quelques centaines à quelques milliers de bits. Par exemple, lorsque ce message est de longueur 1000, 2^{1000}, soit environ 10^{300} mots de code, sont à considérer. C'est un nombre hors de portée de tout calcul, même électronique.

Pour en terminer avec cette présentation brève et très classique du codage redondant, il nous reste à préciser un point de vocabulaire. Le code de Hamming, qui nous sera encore très utile dans le chapitre à venir, est dit *séparable*. C'est le terme utilisé pour signifier que les mots de code contiennent explicitement le message initial, auquel un message redondant, discernable, a été ajouté. Il existe des codes, en particulier ceux que nous utiliserons pour développer notre théorie de l'information mentale, qui produisent des mots de code non séparables, dans lesquels information initiale et redondance sont intriquées.

Chapitre 4

LE CODAGE REDONDANT REVISITÉ

Avec l'arrivée des télécommunications numériques[1] au début des années 1960 et leur totale suprématie aujourd'hui, les procédés de codage, pour la compression numérique, la correction d'erreurs et la cryptographie principalement, ont fait l'objet de nombreux développements. Et cela va continuer encore longtemps car la demande de performance, de débit notamment, dans des conditions de transmission qui s'avèrent toujours plus sévères, obligera en permanence à une remise en cause des solutions connues.

En matière de codage correcteur, plusieurs familles de codes furent définies dans la période 1950-1990[2], dont les codes de Reed-Solomon[3] toujours utilisés dans les CD et DVD-Rom ainsi que dans la version actuelle de la télévision numérique terrestre, ou encore les codes convolutifs dont les versions successives accompagnèrent les progrès de l'exploration en espace lointain[4]. Cependant, une révolution conceptuelle, déjà latente en 1954, allait profondément modifier la science du codage redondant au début des années 1990. Il s'agit du *codage distribué*, qui est au codage classique ce qu'est de façon très imagée une fédération d'états à une autocratie.

Mots croisés high-tech

Mais revenons d'abord au code de Hamming du chapitre précédent et multiplions-en les exemplaires pour construire une grille de « mots croisés binaires ». Dans chaque mot de code $(d_1 d_2 d_3 d_4 r_1 r_2 r_3 r_4)$, il est possible d'assimiler la fraction des données : $(d_1 d_2 d_3 d_4)$ au contenu d'une ligne ou d'une colonne de la grille et la partie redondante : $(r_1 r_2 r_3 r_4)$ à la définition correspondante, soit horizontale soit verticale. La grille, représentée dans la figure 4.1, contient donc un message global de seize caractères binaires et trente-deux caractères supplémentaires forment la partie redondante. Le taux de redondance de cette grille de mots croisés un peu particulière – pas de cases noires, mots et définitions tous de quatre caractères binaires – est 2.

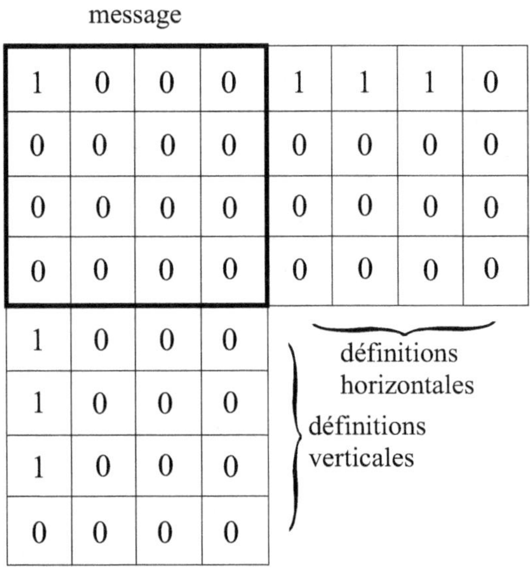

message

1	0	0	0	1	1	1	0
0	0	0	0	0	0	0	0
0	0	0	0	0	0	0	0
0	0	0	0	0	0	0	0
1	0	0	0				
1	0	0	0				
1	0	0	0				
0	0	0	0				

définitions horizontales

définitions verticales

Figure 4.1. Grille de mots croisés binaires utilisant des codes de Hamming. Le message contient seize bits et les définitions horizontales et verticales, calculées selon les correspondances de la table 3.1, requièrent trente-deux bits au total. À titre d'exemple, la grille contient le message « tout à zéro » excepté en une place, en haut à gauche.

S'il s'agissait de mettre en œuvre un décodage par comparaison exhaustive, tel que défini dans le chapitre précédent, pour éliminer les erreurs ou combler les effacements éventuels, $2^{16} = 65\,536$ mots de code seraient à balayer et à comparer à l'état de la grille, après sa transmission dans un milieu bruité susceptible d'en avoir altéré le contenu. Néanmoins, cette grille étant construite à partir de quatre petits codes horizontaux et quatre autres verticaux, et chacun d'entre eux ne pouvant produire que seize mots de code, n'est-il pas possible de se limiter à $8 \times 16 = 128$ cas de figure dans le travail de restitution ? Imaginons huit cruciverbistes à qui l'on confierait chacun le traitement de l'une des quatre lignes ou de l'une des quatre colonnes : il est clair que si ces « experts en octets redondants » ne se communiquaient pas les résultats de leurs travaux personnels et parcellaires, tout le bénéfice du codage croisé serait perdu. En particulier, si l'un d'entre eux ne pouvait résoudre son problème local parce que, sur sa ligne ou sur sa colonne, trop d'erreurs se sont produites pendant la transmission, au-delà du pouvoir de correction du code de Hamming, aucune aide ne lui serait apportée par ses collègues. Il est donc indispensable qu'un échange d'informations puisse être effectué et continuellement répété entre les décodeurs-cruciverbistes locaux, c'est-à-dire entre les décodeurs des quatre codes horizontaux et ceux des quatre codes verticaux, comme le ferait un unique cruciverbiste sur une grille de mots croisés ordinaire. En cas d'effacements ou d'erreurs dans la transmission du message ou des définitions redondantes, ce travail de décodage à la fois local (exploitation d'une définition particulière, horizontale ou verticale) et global (partage des informations sur les deux dimensions) peut conduire à la restitution parfaite de la grille après plusieurs itérations.

Diviser pour conquérir

Ce qui vient d'être expliqué sur le codage bidimensionnel de Hamming donne la philosophie de ce que l'on appelle le « codage redondant distribué » : *une donnée intervient dans au moins deux lois de codage*. En d'autres termes, toute donnée doit pouvoir reposer sur au moins deux mécanismes de protection, aussi simples qu'ils puissent être. C'est sur ce principe qu'ont été élaborés les codes modernes et les décodeurs associés. Le codeur délivre un mot de code tiré dans un ensemble dont le cardinal est généralement astronomique mais si judicieusement découpé en codes élémentaires que, malgré les erreurs de transmission, le décodeur est capable de le retrouver par un jeu patient de petits traitements locaux et de recherches de consensus. Par exemple, un message contenant seulement 266 caractères binaires, dans une grille de 19 lignes et 14 colonnes pour continuer avec le principe des mots croisés, peut prendre autant de valeurs que le nombre estimé d'atomes dans l'univers visible, soit 2^{266} ou 10^{80} environ. Le décodeur, sous sa forme distribuée, n'a quant à lui que $19 \times 2^{14} + 14 \times 2^{19}$ soit environ huit millions de mots de code locaux à considérer, ce qui n'est pas une entreprise difficile pour un calculateur électronique.

Au XVIIe siècle, cette philosophie pouvait être exprimée de la manière suivante : « Donc, toutes choses étant causées et causantes, aidées et aidantes, médiates et immédiates, et toutes s'entretenant par un lien naturel et insensible qui lie les plus éloignées et les plus différentes, je tiens impossible de connaître les parties sans connaître le tout, non plus que de connaître le tout sans connaître particulièrement les parties[5]. »

Cela ne signifie pas pour autant que tous les codes, dès lors qu'ils sont distribués, offrent de bonnes propriétés pour chaque application. D'ailleurs, l'exemple des mots croisés de Hamming que nous avons choisi pour sa simplicité n'est pas très compétitif pour les télécommunications : son taux de redondance est $\tau = 2$ et sa distance minimale est 7 seulement[6], ce qui donne un facteur de mérite égal à $\dfrac{7}{3}$, à peine supérieur à celui du code élémentaire ($F = 2$). Une version plus élaborée de ces mots croisés binaires, proposée très tôt dans l'histoire du codage par Peter Elias[7], consiste à boucher le trou en bas à droite dans la figure 4.1. Pour ce faire, des « redondances de redondances », c'est-à-dire des « définitions sur les définitions » sont calculées selon les mêmes règles qui servent à produire les définitions principales[8]. Le code global affiche alors un facteur de mérite égal à 4, ce qui est un très bon score pour une aussi petite structure redondante.

Il est possible de définir de nombreux codes similaires à partir de briques constituantes de principes et dimensions très variés. Leur construction peut apparaître sous deux formes : *parallèle* quand plusieurs redondances sont associées au même message, mais suivant des approches différentes, comme dans la figure 4.1 où le contenu de la grille est considéré à la fois horizontalement et verticalement, et *série* quand des « redondances de redondances » sont calculées. Le premier intérêt de ces codes, qu'ils soient parallèles, séries ou mixtes, est de pouvoir offrir une grande distance minimale et par voie de conséquence un grand pouvoir de discrimination entre les mots de code éventuellement altérés. Cet avantage est devenu si important dans les systèmes modernes de télécommunications que seuls les codes distribués trouvent grâce aujourd'hui, à l'image, par exemple, du standard actuel de la télévision numérique terrestre (TNT ou encore *Digital Video Broadcasting-Terrestrial*, DVB-T) dont le codeur de canal est défini par la *concaténation* – c'est-à-dire la mise en série – d'un code de Reed-Solomon et d'un code convolutif. Tous les codes concaténés ne se prêtent cependant pas au travail de décodage itéré. C'est justement l'inconvénient de ce code actuel de la TNT, dont le décodeur ne peut pas profiter complètement de la distance minimale élevée, et qui sera remplacé dans la deuxième génération (DVB-T2, bientôt en France, la véritable haute définition !) par un code de type LDPC, déjà en usage dans la version satellitaire de DVB et dont la construction sera expliquée plus loin dans ce chapitre.

Quoique le principe de base du codage distribué soit toujours le même – combiner des briques de codage pour obtenir un pouvoir de correction élevé tout en maintenant la complexité du décodeur dans des limites raisonnables – une distinction entre les différentes versions est possible en se référant au « grain de calcul ».

Double jeu

Le nombre minimum de codes nécessaires à la mise en œuvre du codage distribué est tout simplement deux puisque la règle fondamentale : « une donnée intervient dans au moins deux lois de codage » peut être satisfaite avec seulement deux codes. C'est ainsi qu'a été imaginé le turbocode[9], dont un schéma de principe est donné dans la figure 4.2 (a), avec son décodeur. Nous n'irons pas très loin dans la description de cette construction dont les caractéristiques originales[10] lui permirent d'être le premier code quasi optimal et de devenir la norme mondiale de codage de la téléphonie mobile de troisième et quatrième générations (3G et 4G). Quasi optimal, cela signifie que le décodeur peut corriger les erreurs jusqu'à un certain niveau de perturbation proche de la limite donnée par l'un des théorèmes fondamentaux de Shannon[11]. Cette limite, dont la valeur dépend du type de perturbation, est infranchissable, du moins en l'état actuel de nos savoirs[12].

Dans le turbocodeur, les données binaires à encoder traversent deux codes très simples[13] capables de calculer de la redondance pour des messages de longueur arbitraire. Le codeur du bas (C2) reçoit les données dans un ordre différent de celui du haut (C1), une anagramme du message à encoder en quelque sorte. Ce réordonnancement des données pour alimenter C2 s'effectue à l'aide d'une fonction de permutation dont la loi est soigneusement choisie car elle influe sur la valeur de la distance minimale du code global. Chacun des deux codeurs élémentaires produit donc de l'information redondante (séquences de symboles Y_1 et Y_2) qui est transmise en même temps que le message d'origine (séquence de symboles X), le taux de redondance du turbocode étant donc égal à 2. Le principe de ce codage n'est pas très éloigné de celui des mots croisés de Hamming, mais ici un seul code est présent sur chacune des deux dimensions. Le facteur de mérite d'un turbocode bien conçu est le plus souvent supérieur à 10.

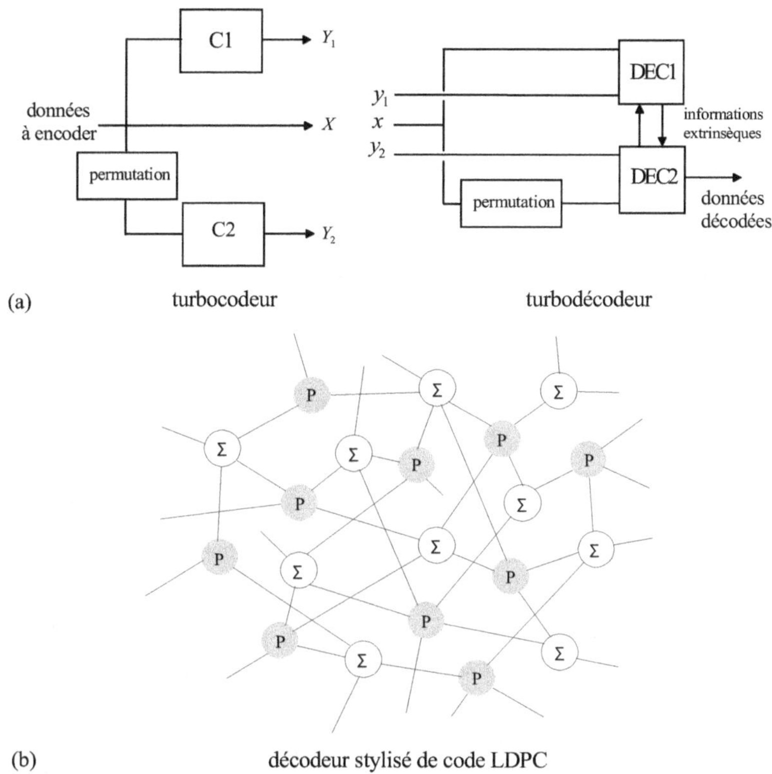

Figure 4.2. (a) Un turbocode et son décodeur. (b) La structure très distribuée d'un décodeur de code LDPC.

Du côté du décodeur, c'est donc un travail de « cruciverbiste binaire » qui est mis en œuvre. Le décodeur nommé DEC1 s'intéresse aux informations reçues x et y_1, images déformées de X et Y_1, alors que le décodeur DEC2 exploite x et y_2. Puisque ces deux décodeurs travaillent en partie sur des données communes x, même si celles-ci ne sont pas considérées dans le même ordre, ils peuvent collaborer. Cependant, une attention toute particulière doit être portée à la nature de leurs échanges sur ces données x. D'une part, leurs estimations binaires doivent être accompagnées d'indices de confiance, comme dans les prévisions météorologiques ou comme la pointe du crayon du cruciverbiste qui est légère au début puis s'alourdit au fur et à mesure que les mots entremêlés s'harmonisent. Prudence est mère de sûreté ! D'autre part, ce n'est pas directement la sortie de chacun des deux décodeurs qui est exploitée par l'autre mais un autre type d'information appelée *information extrinsèque*. Sous ce nom un tantinet barbare se cache un concept important des systèmes distribués d'information : lorsque deux ou plusieurs processus échangent des avis sur une même grandeur ou sur une décision à prendre en commun, il est souhaitable que ce qui est envoyé par l'un d'eux à un autre ne contienne pas la contribution que ce dernier lui a transmise lors de l'étape précédente. En d'autres termes, un organe de décision ne doit jamais voir revenir une information qu'il a lui-même produite, et encore moins essayer d'en tirer parti. Nous sommes ici au cœur d'un problème que nous commenterons plus longuement dans le chapitre 8 : la *corrélation*. Pour éviter les effets fâcheux de cette corrélation dans la recherche de consensus entre les deux décodeurs – entretien, voire multiplication des erreurs – l'information extrinsèque est construite de façon à minimiser toute interdépendance des informations, toute « consanguinité », autant que faire se peut.

Enfin, les décisions finales sur les données émises, puisqu'il faut bien prendre parti à un moment donné, sont fournies par l'un des décodeurs, DEC2 en l'occurrence dans la figure 4.2 (a). Ces décisions sont prises après plusieurs itérations, typiquement huit, d'échanges entre les deux décodeurs. Normalement, à ce stade final du travail, DEC1 et DEC2 se sont mis d'accord sur toutes les valeurs binaires du message à délivrer au destinataire. Si tout cela semble un peu compliqué, ce n'est pas plus savant que la description d'un moteur turbocompressé, auquel le turbodécodeur a emprunté le préfixe pour rendre compte du rôle des informations extrinsèques, sortes de gaz d'échappement que les deux décodeurs s'échangent pour augmenter leurs rendements respectifs. En matière de traitement de l'information, c'est aussi l'illustration dans toute sa modernité de ce que Pythagore écrivait il y a 2 500 ans environ : « Les deux mots les plus brefs et les plus anciens, oui et non, sont ceux qui exigent le plus de réflexion. » En remplaçant oui par 1 et non par 0, le turbodécodeur fait tourner ses algorithmes sept fois, ou plus, avant de s'exprimer.

Ce travail collaboratif entre deux décodeurs travaillant à la fois sur des données communes et d'autres qui leur sont propres fait irrésistiblement penser à celui des deux hémisphères du néocortex. Chacun de ces deux réseaux de matière grise peut avoir sa vie propre, ses tâches et ses soucis ainsi que sa manière de percevoir le monde. Selon les théories les plus courantes, l'hémisphère gauche s'attache aux détails, au séquencement et à la construction linguistique alors que l'hémisphère droit est bien plus à l'aise dans la synthèse, l'intuition et la création. Tous deux reçoivent des informations communes (x) du monde extérieur mais leurs données exclusives (y_1 ou y_2) et leurs algorithmes câblés de manière différente les distinguent dans l'analyse. C'est l'échange d'informations à travers le corps calleux qui les conduit à se mettre d'accord, c'est-à-dire à avoir une même opinion globale ou *holistique*. Si dans le schéma de la figure 4.2 (a), à la suite d'une détérioration de certains circuits, l'information extrinsèque issue de DEC1 n'est plus de niveau suffisant pour donner son point de vue à DEC2, alors le turbodécodeur prend une allure de décodeur *bicaméral*, pour reprendre le terme introduit par Julian Jaynes dans sa passionnante théorie du cerveau déséquilibré[14]. Dans cette version bicamérale du décodeur à passage de messages, DEC1 subit DEC2, et le décodeur global perd sa « conscience » unitaire.

Petits jeux de parité

Les codes *Low-Density Parity-Check* (LDPC[15]), imaginés bien plus tôt que les turbocodes, ont un grain de calcul plus fin. On ne peut d'ailleurs pas faire plus menus morceaux que ceux de cette structure redondante distribuée ! Ces codes n'ont réellement suscité d'intérêt que trente ans après leur invention[16], lorsque le turbo-décodage eut lui-même démontré l'efficacité des traitements par passages de messages entre décodeurs locaux. Le principe des codes LDPC est d'une simplicité remarquable et presque surprenante, car leur performance est également quasi optimale. Si k est la longueur du message à coder, alors le mot de code de longueur n plus grande que k est construit de telle manière à satisfaire $n-k$ contraintes de parité portant sur autant de petits sous-ensembles du contenu de ce mot de code : le nombre de 1 à l'intérieur de ces petites populations doit toujours être pair. C'est tout ! Un exemple de construction est donné en note de fin d'ouvrage ainsi que quelques commentaires sur les propriétés de ces codes[17].

Chaque caractère d'un mot de code LDPC intervient donc dans un petit nombre de contraintes de parité, chacune de ces conditions portant sur peu de variables à la fois. Le décodeur correspondant peut prendre l'allure qui est donnée dans la figure 4.2 (b). On y observe la présence de deux sortes d'opérateurs. Ceux qui sont notés P ont pour charge de vérifier les contraintes de parité et d'émettre, sous la forme d'informations extrinsèques, des avis favorables ou défavorables sur la compatibilité de chacune des variables avec ces différentes contraintes. Les autres opérateurs, repérés par le symbole Σ (sigma majuscule), agrègent ces différents avis par de simples additions pour en former des synthèses qui sont renvoyées vers les opérateurs P concernés. Tout cela, après un maelström d'échanges qui mettent à jour l'ensemble des variables de façon répétée, conduit normalement le réseau à se stabiliser autour d'un point fixe qui met d'accord tout ce petit monde. Si cela n'est pas possible, c'est que la capacité de correction du décodeur est dépassée. Le nombre d'itérations nécessaire à la convergence est beaucoup plus élevé que dans le cas des turbocodes mais les opérations locales (additions de quelques variables) sont nettement plus simples.

Le codage LDPC est la variante « la plus distribuée du codage distribué » alors que les turbocodes en fournissent la version la plus compacte. Entre les deux, toutes sortes de schémas de codage réparti peuvent être imaginées, dès lors que les décodeurs élémentaires se prêtent à la technique du passage de messages, c'est-à-dire au transfert d'informations extrinsèques. Sur ces principes, de nombreux codes ont été conçus ces quinze dernières années, tous plus ingénieux les uns que les autres, du moins selon leurs inventeurs.

Pour ce qui concerne le néocortex, puisque c'est vers lui que nous nous dirigeons, on peut légitimement penser que plus les neurones sont proches des capteurs – ce que l'on appelle la *couche physique* dans le monde des télécommunications –, plus l'information est imprimée dans le réseau neural sous forme de petits motifs épars, lesquels sont contraints par des règles de codage qui doivent être d'une grande simplicité, comme le sont celles des codes LDPC. *Small is beautiful*[18] ! Ces règles, complètement inconnues dans le monde des télécommunications, seront dévoilées plus loin dans ce livre. Quand on s'éloigne de la couche physique, en remontant vers les grandes voies de communications cérébrales, les lois de codage se complexifient. La distribution tend à s'organiser autour de codes plus volumineux qui sont eux-mêmes le résultat d'un assemblage de petites structures redondantes locales. Enfin, dans les couches de communication les plus éloignées du monde physique, le traitement est plutôt du type *turbo*, dont la forme la plus manifeste est donnée par la réunion des deux hémisphères. Au bout du compte, la conscience est le résultat phénoménal, dans les deux sens du terme, de cette organisation hiérarchique, des petits grains d'informations vers le réseau de réseaux à gestion unique.

Étant donné la tournure que prend la thèse que nous sommes en train de développer autour de codes redondants locaux dont on peut d'ores et déjà imaginer qu'ils pourront être très, très nombreux dans un modèle de néocortex (cent milliards d'opérateurs élémentaires !), il manque manifestement quelques cordes à notre arc, en ce qui concerne notamment le concept de « réseau ». Ces cordes manquantes nous sont gracieusement offertes par la théorie des graphes dont nous allons extraire quelques notions essentielles, ainsi qu'un code nouveau dont nous pensons qu'il tient une place de premier rang dans le support de l'information mentale.

Chapitre 5

LES GRAPHES

Dans son fameux ouvrage, *L'Homme neuronal*, Jean-Pierre Changeux donne sa vision des *objets mentaux* : « Une des caractéristiques du "graphe" neuronique de l'objet mental est d'avoir une organisation *à la fois locale et délocalisée*. L'objet mental se situerait, pour reprendre les termes d'Henri Atlan (1979), "entre le cristal et la fumée". Il y a liaison coopérative d'activités entre neurones, comme dans un cristal, mais ces cellules se trouvent dispersées en de multiples points du cortex, sans géométrie simple, comme dans la fumée[1]. »

À la fois locale et globale, c'est la nature même du codage redondant distribué tel que nous l'avons présenté dans le chapitre précédent. Voilà ce sur quoi, au moins, un neurobiologiste et un informaticien pourraient s'entendre. Nous préférerons cependant parler de *graphe neural* plutôt que de graphe neuronal ou neuronique, car c'est bien plus une affaire de *système* que de *cellules*.

Les premiers travaux sur les graphes sont attribués à Euler[2] en 1741. Il s'attachait alors à prouver qu'il n'était pas possible de faire une promenade dans la ville de Königsberg en passant une fois et une seule par les sept ponts qui en relient les différents quartiers. Pour traiter ce problème, il fut amené à introduire un modèle graphique apte à décrire des couplages entre les éléments d'un ensemble, en l'occurrence celui des différents quartiers de la ville. Aujourd'hui, la théorie des graphes occupe une place importante dans de nombreuses disciplines, fondamentales ou appliquées :

informatique, réseaux de télécommunications, codage, etc. Et nous en faisons ici également un outil indispensable de la théorie de l'information mentale, avec tout le vocabulaire très fleuri – « cycle », « boucle », « clique », « tournoi » – que cette branche des mathématiques a fait sien pour se développer.

Il arrive parfois que les mathématiques puissent aider directement à la résolution d'un problème pratique. Le plus souvent, elles ne sont là que pour expliquer, justifier ou optimiser ce qui a déjà été créé[3]. Dans le cas présent, elles font un peu plus que ce travail de confirmation puisqu'elles nous permettent de poser le problème et mieux encore, de trouver des éléments de réponse. Il n'est donc pas impossible d'être d'accord avec l'astrophysicien Trinh Xuan Thuan quand il écrit : « Le surprenant succès des mathématiques à décrire le réel constitue l'un des plus profonds mystères qui soient, car il n'est pas du tout évident que tel devrait être le cas. Pourquoi des entités abstraites, sorties de l'esprit des mathématiciens, et qui, en général, ne nous sont d'aucune utilité dans la vie courante, se trouvent-elles au diapason des phénomènes naturels ? Pourquoi la pensée pure rejoint-elle ainsi le concret ? Le physicien Eugene Wigner a exprimé son étonnement devant cette adéquation en parlant de l'"efficacité déraisonnable des mathématiques" à décrire la nature. Je suis moi-même toujours émerveillé quand je pense qu'avec des lois physiques exprimées en termes mathématiques, la NASA a pu envoyer un homme sur la Lune[4]. » Cet enthousiasme peut toutefois sembler excessif : dans la plupart des entreprises scientifiques et technologiques, et c'est le cas pour l'homme sur la Lune, de simples calculs et non d'innovantes mathématiques suffisent.

Le petit vocabulaire
des graphes

Formellement, un graphe est composé d'un ensemble dénombrable de *nœuds* ou *sommets* et d'un ensemble d'*arêtes* reliant ces nœuds. Parfois, un poids et/ou une orientation peuvent être attribués à certaines ou à la totalité des arêtes du graphe ; celui-ci est alors qualifié respectivement de *pondéré* et/ou d'*orienté*, et les arêtes orientées deviennent des *arcs*. Toutes sortes de relations entre éléments d'un ensemble peuvent être spécifiées par des graphes : des liens généalogiques (le graphe correspondant est appelé *arbre*), le séquencement d'un programme informatique ou d'un automate, une carte routière entre plusieurs villes, les points d'accès à Internet ou encore le diagramme sémantique de la figure 5.1, sont autant d'exemples de graphes qui illustrent la vaste généricité du modèle.

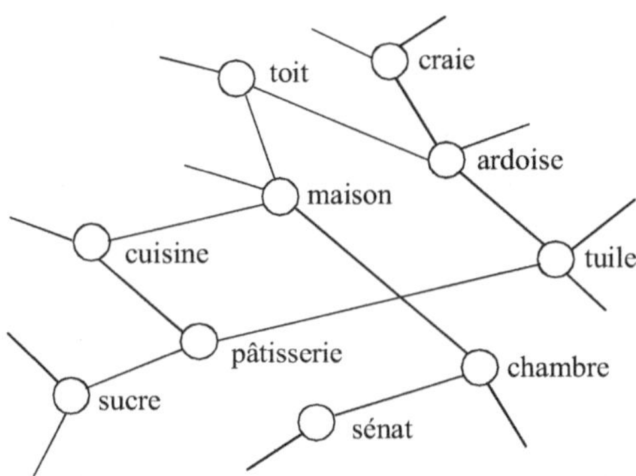

Figure 5.1. Exemple de représentation de graphe, sémantique en l'occurrence, non orienté et non pondéré.

Conventionnellement, un graphe est visualisé par un ensemble de cercles, matérialisant les nœuds, reliés par des traits ou des flèches, symbolisant les arêtes. L'*ordre* est le nombre de sommets, la *taille* est le nombre d'arêtes et le *degré* d'un sommet est le nombre d'arêtes dont l'une des extrémités est ce sommet. Si le graphe est orienté, on doit distinguer entre le *degré entrant* et le *degré sortant* d'un sommet, respectivement le nombre d'arcs qui y conduisent et qui en sortent. Voilà pour les définitions principales.

Dans certains graphes, il peut arriver qu'aucune arête n'existe à l'intérieur de certains sous-ensembles de nœuds. Par exemple, le graphe qui associe aux joueurs d'une équipe de football leurs placements sur le terrain est séparable en deux sous-ensembles disjoints, c'est-à-dire sans aucune connexion interne : celui des joueurs d'une part et celui de leurs positions dans l'équipe d'autre part. Lorsqu'un graphe peut être partitionné de cette façon, il est qualifié de *multiparti* – en l'occurrence *biparti* pour l'exemple choisi. Il est alors commun d'utiliser des figures géométriques différentes (cercles, carrés, losanges, etc.) pour représenter les nœuds des différents sous-ensembles.

La raison pour laquelle Euler introduisit la notion de graphe était la nécessité de formaliser certaines notions, dont celles de *chemin* et de *cycle*, afin d'étudier sa promenade sous conditions dans Königsberg. Dans un graphe, un chemin est une suite d'arêtes contiguës, ou connexes. Il est clair qu'un graphe, même fini, peut contenir une infinité de chemins puisque leur définition n'interdit pas de passer autant de fois qu'on le souhaite par les mêmes sommets et/ou les mêmes arêtes, et cela suivant un nombre illimité d'enchaînements possibles. Un chemin qui relie un nœud quelconque à lui-même est appelé cycle, comme celui qui apparaît dans le graphe de la figure 5.1 : maison-toit-ardoise-tuile-pâtisserie-cuisine-maison. Un cycle contient donc généralement plusieurs nœuds et n'est donc pas à confondre avec une *boucle* qui est une arête connectant directement un nœud à lui-même. Un graphe qui contient au moins un cycle est dit *récurrent*.

Les cycles sont une notion essentielle des sciences de l'information, notamment en informatique et en codage. L'informaticien est particulièrement intéressé par les cycles élémentaires, c'est-à-dire les cycles qui ne passent pas deux fois par le même nœud, exception faite bien sûr du premier et du dernier. La connaissance de ces cycles élémentaires, dont le nombre est nécessairement limité dans un graphe fini, fournit en effet beaucoup d'indications sur les propriétés d'un flot d'instructions dans un programme d'ordinateur. Pour le concepteur de code correcteur, comme nous le verrons un peu plus en détail dans le chapitre 8, les cycles les plus courts sont d'une grande importance, en particulier le plus petit d'entre eux, appelé *maille* du graphe, car ils sont source de forte corrélation non maîtrisée dans le décodage des codes distribués.

Dans certains cas, le cortex cérébral en étant avec le réseau Internet l'exemple le plus volumineux, un graphe peut être regardé comme un assemblage de *grappes* (ou *clusters*) de nœuds partageant une ou plusieurs propriétés. Par exemple, le réseau routier d'une région, comme celui de la figure 5.2, peut être représenté par un graphe formé d'un certain nombre de grappes (départements) contenant des sommets (villes) reliés par des arêtes (routes). Seules les grappes adjacentes ont des liaisons directes ; celles qui « ne se voient pas » ne peuvent communiquer qu'indirectement. Le réseau routier de cette région est réputé dense, mais il est en réalité mathématiquement très *épars* car un sommet n'est relié qu'à peu d'autres. À l'opposé, un graphe est dit *complet* lorsque tous ses sommets sont reliés deux à deux. La taille d'un tel graphe est le nombre maximal de traits que l'on peut tirer entre ses n nœuds. D'un premier nœud choisi au hasard, $(n - 1)$ liaisons sont à établir avec les autres. D'un second ne restent plus que $(n - 2)$ connexions possibles, et ainsi de suite jusqu'à l'avant-dernier qui n'aura plus qu'à se relier par un seul trait au dernier nœud. Le nombre total d'arêtes est donc donné par la somme des entiers décroissant de $(n - 1)$ à 1, somme dont il est aisé de montrer[5] qu'elle vaut $\dfrac{(n-1)\times n}{2}$. Par exemple, deux graphes complets à 8 et 16 sommets ont respectivement 28 et 120 arêtes.

S'il s'agissait de relier deux à deux et directement les trente-deux villes de la figure 5.2, ce qui serait une aberration économique et environnementale, il nous faudrait tirer 496 traits, beaucoup plus que ce qui existe réellement. Le graphe équivalent du cortex cérébral est également très épars : on y trouve quelque cent milliards de sommets (neurones) et chacun d'eux est relié à environ dix mille autres. Tous calculs effectués, la densité du réseau cortical se révèle être de l'ordre de 0,0000001[6]. Cette estimation très grossière n'est qu'une moyenne, les neurones étant beaucoup plus interconnectés localement qu'à grande distance, mais elle a le mérite de montrer que le cerveau n'est pas un réseau si dense, et donc pas si impénétrable que cela, du moins par l'imagination.

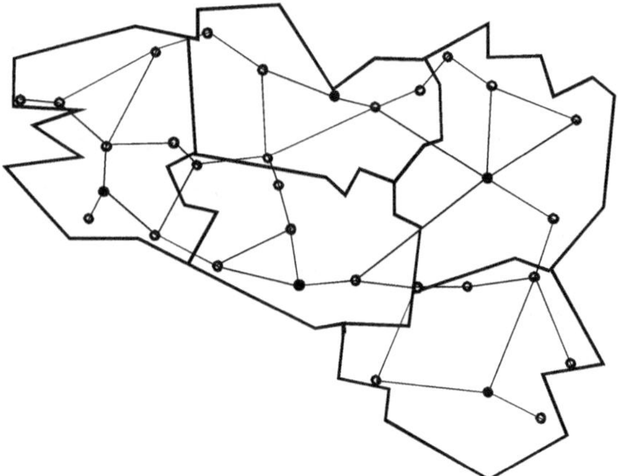

Figure 5.2. Le graphe d'une région française formée de cinq grappes (départements) de sommets (villes) reliés par des arêtes (routes).

Un certain type de motif nous sera d'une grande utilité dans l'élaboration de la théorie de l'information mentale qui suivra. Il s'agit de la *clique*, sous-ensemble complet d'un graphe non orienté. Tous les nœuds y sont donc reliés deux à deux. Le dessin de la figure 5.3 (a) est celui d'un graphe dans lequel deux cliques à quatre sommets ont été formées, entre les nœuds 3, 6, 10 et 11 d'une part et 4, 6, 7 et 11 d'autre part.

La clique est donc un sous-ensemble particulier d'un graphe non orienté, dont la première propriété est la possibilité pour chacun de ses nœuds de communiquer avec tous les autres. Dans le cerveau, les nœuds sont des neurones ou des groupes de neurones ; ceux-ci étant des opérateurs unidirectionnels, il nous faut aussi introduire la notion de *tournoi*. Le tournoi, qui est tout bonnement une clique dans laquelle toutes les arêtes ont été remplacées par des arcs (figure 5.3-b) tire métaphoriquement son nom de ce qu'il peut représenter l'issue finale d'une épreuve sportive complète, jouée par couples, chaque flèche indiquant le résultat de chacune des rencontres (pas de match nul, donc). Clique et tournoi ne sont pas des noms très gracieux, nous le reconnaissons volontiers, mais ce

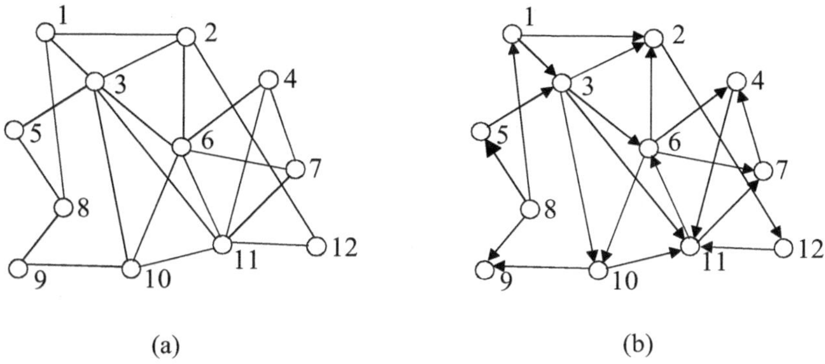

Figure 5.3. (a) : deux cliques à quatre sommets (3-6-10-11 et 4-6-7-11) dans un graphe non orienté. (b) : les cliques deviennent des tournois dans le graphe orienté.

que nous ont transmis nos savants prédécesseurs ne peut pas être rebaptisé. Par respect pour eux et peut-être aussi faute d'inspiration, nous avons adopté ce vocabulaire consacré. Grâce à l'orientation donnée partout dans le graphe, le tournoi peut être considéré comme une version de clique incorporant la *flèche du temps*. Il sera donc apte à spécifier des séquences et non plus seulement des messages intemporels. À ceci près, les propriétés mathématiques des cliques et des tournois sont comparables.

Un code gratuit !

Deux cliques différentes dans un graphe peuvent n'être distinctes que par un seul sommet. Ceci nous permet de définir la distance minimale δ entre éléments d'un ensemble de cliques de même ordre (même nombre de sommets) c, en assimilant leurs arêtes aux caractères de mots de code hypothétiques que matérialiseraient ces cliques. Cette distance minimale est donnée par le nombre d'arêtes différentes dans deux cliques à c sommets dont $(c-1)$ sont identiques, comme l'illustre la figure 5.4 (a) dans le cas particulier $c = 5$. Dans ce dessin, lorsque le nœud 5 est supprimé et remplacé par le nœud 6, quatre arêtes doivent disparaître pour être remplacées par quatre autres. Les cliques 1-2-3-4-5 et 1-2-3-4-6 sont donc distinctes par $2 \times (5-1) = 8$ arêtes. Pour n'importe quelle valeur de c, la formule générale est : $\delta = 2 \times (c-1)$.

Par ailleurs, combien faut-il connaître d'arêtes au minimum pour spécifier complètement une clique à c sommets ? La réponse est donnée par la condition que ces arêtes contiennent tous les sommets de la clique (figure 5.4-b). Il en faut au minimum $\left\lfloor \dfrac{c+1}{2} \right\rfloor$ où – on le rappelle au lecteur que nous tenons absolument à encourager car nous sommes près du but – les crochets $\lfloor \ \rfloor$ veulent dire « partie entière de ». Il est alors possible, toujours à la façon d'un code correcteur, de définir le taux de redondance comme la différence relative entre la taille de la clique, qui est $\dfrac{c(c-1)}{2}$, comme nous l'avons vu pour les graphes ou les sous-graphes complets, et ce nombre minimal : $\left\lfloor \dfrac{c+1}{2} \right\rfloor$. La clique est très redondante, et donc très robuste dans sa constitution. Par exemple, une clique à 13 sommets peut être complètement définie par seulement 7 arêtes alors que, tout entière, elle en contient 78. Belle marge de sécurité ! Tout en bas de la hiérarchie, le simple trait, que l'on peut voir comme une clique à deux sommets, n'a aucune redondance : une seule arête, sans laquelle le motif disparaît totalement. Toujours en termes d'arêtes, un triangle affiche un taux de redondance de 0,5, un tétraèdre un taux de 2, etc.

Qu'en est-il du facteur de mérite, dont nous savons depuis le chapitre 3, qu'il doit être supérieur à 1 pour avoir de l'intérêt ? Nous avons tous les éléments, distance minimale et taux de redondance, pour l'obtenir quelle que soit la valeur de c. Un rapide calcul[7] conduit au résultat suivant : si c est pair, le facteur de mérite du « code à cliques » est exactement 2, et il est légèrement plus grand si c est impair. Il est ainsi rigoureusement démontré qu'une clique peut être vue comme un mot de code d'un bon code correcteur d'erreurs. Par comparaison, le facteur de mérite du code de

Hamming introduit dans le chapitre 3 est aussi égal à 2. Ce résultat est original dans la théorie des codes correcteurs d'erreurs. Il est aussi remarquable de simplicité.

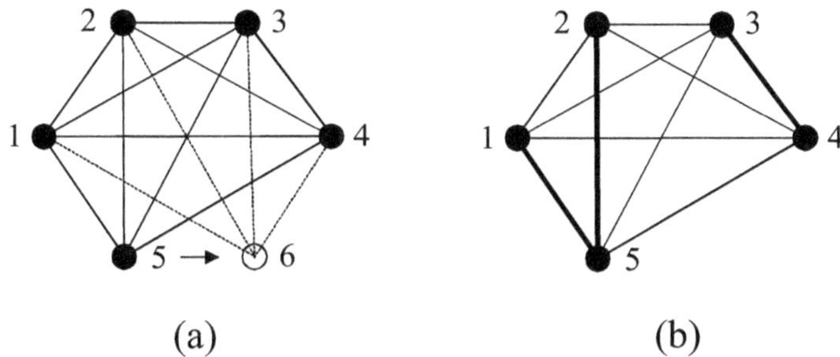

Figure 5.4. (a) : deux cliques à cinq sommets (ici 1-2-3-4-5 et 1-2-3-4-6) diffèrent par au moins 8 arêtes. (b) : 3 arêtes, parmi 10, suffisent pour spécifier une clique à cinq sommets.

Maintenant, soufflons un peu car le moment est important. Nous venons de découvrir qu'un graphe, quel qu'en soit le support matériel, électronique ou biologique, peut offrir des propriétés inhérentes de correction d'erreurs et donc de robustesse. Pour en tirer profit, il suffit de l'organiser en cliques, ou en tournois qui en sont des versions orientées. Et nous pensons que la nature a très bien réussi à le faire dans le réseau neural biologique, grâce au « mécanisme de Hebb » dont il sera question dans les chapitres qui vont suivre. Avec une distance minimale égale à $2 \times (c - 1)$, un code construit sur des cliques à c sommets peut offrir à un graphe – s'il en a les moyens matériels ou biologiques – la possibilité de réparer tout mot de code dont des arêtes auraient malencontreusement disparu, jusqu'à un maximum de $c - 2^8$.

Grâce à cette propriété d'autoréparation et au nombre considérable de cliques et de tournois qui peuvent se créer dans de vastes graphes, ceux-ci vont devenir les briques élémentaires, complètement naturelles au sein du réseau cortical comme à l'intérieur de n'importe quel réseau artificiel, dans le support de l'information mentale.

Chapitre 6

LES NEURONES

Parmi tous les types de cellules des organismes vivants, le neurone se distingue par un degré de sociabilité très élevé. Toujours à l'écoute de ce qui peut se dire chez ses correspondants, il exprime également volontiers son opinion, s'il n'est pas trop contrarié. Il lui arrive même de « parler » sans avoir rien à dire et de produire ce que l'on appelle le *bruit neuronal*. Les neurones n'ont pas tous la même morphologie – il en existerait des centaines de familles – mais ils sont tous doués de la même propriété, à savoir l'aptitude à capter les multiples signaux qui se présentent à leurs entrées, que l'on appelle synapses, puis éventuellement à s'en faire l'interprète sous la forme d'un message délivré par une seule sortie, l'axone. Le neurone est fondamentalement un *agrégateur*, dont le modèle mathématique le plus simple que l'on puisse considérer a été proposé par Warren S. McCulloch et Walter Pitts au début des années 1940[1] à partir des travaux précurseurs de Louis Lapicque[2]. Ce neurone mathématique que l'on dit aussi *formel* est représenté sur la figure 6.1. De multiples entrées, dont le nombre très variable peut se compter en milliers et que nous notons p pour généraliser, sont susceptibles d'« alimenter » la cellule en signaux qui sont soit excitateurs soit inhibiteurs, selon la nature chimique des synapses. Excitateur, si le signal incident souhaite contribuer à l'activation du neurone, inhibiteur s'il veut l'en empêcher. Les synapses étant d'ouvertures très différentes les unes des autres, des paramètres caractéristiques de leurs sensibilités aux signaux incidents doivent leur être attribués. Appelés *poids synaptiques* et notés w, ces paramètres sont positifs ou négatifs selon le type, excitateur ou inhibiteur, des entrées.

Le neurone formel effectue la somme de toutes les contributions incidentes et si le résultat dépasse un certain seuil σ (sigma), il le dit haut et fort à sa sortie en émettant lui-même un signal qui se propagera vers d'autres cellules.

Le seuil σ est une variable de contrôle qui fixe le niveau de réactivité des neurones, à une échelle locale ou globale. Plus σ est élevé, moins le neurone est susceptible de s'exprimer. C'est en quelque sorte une mesure inverse de l'attention que peut prêter un neurone ou un groupe de neurones aux signaux qui les interpellent. Ce mécanisme de contrôle par le seuil σ, lorsqu'il est collectif, est à rapprocher de ce que les neurobiologistes appellent *neuromodulation*, et qui joue un rôle essentiel dans la sélection des régions qui doivent s'activer lors d'un processus mental particulier[3].

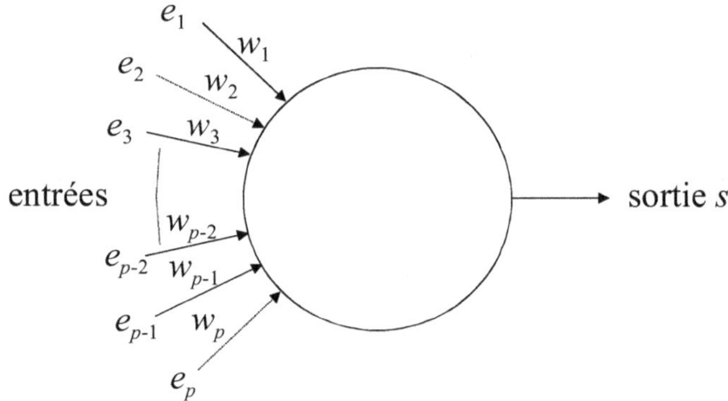

Figure 6.1. Modèle élémentaire de neurone avec p entrées et une sortie s. Un trait plein correspond à une entrée excitatrice (poids synaptique $w > 0$) et un trait discontinu à une entrée inhibitrice ($w < 0$).

Des valeurs binaires, 0 ou 1, nous suffiront dans la suite pour mesurer les amplitudes des signaux d'entrée ou de sortie. Ce qui vient d'être présenté conduit à décrire la sortie du neurone sous la formulation mathématique suivante :

$$s = \begin{cases} 1 & \text{si } \sum_{i=1}^{p} w_i e_i > \sigma \\ 0 & \text{sinon} \end{cases} \qquad (6.1)$$

Le neurone formel réalise donc la somme de p signaux d'entrée e_i $(1 \leq i \leq p)$ dont les valeurs sont 0 ou 1 avant pondération par les poids w_i. Le résultat de la sommation est comparé au seuil d'activation σ ; s'il lui est supérieur, le neurone prend la valeur 1 en sortie, sinon il ne se déclenche pas $(s = 0)$.

Ce modèle est d'une simplicité qui peut dérouter ; il ne rend pas compte de la dynamique interne du neurone, à travers ses différentes réactions électrochimiques et ignore la nature impulsionnelle du signal de sortie sous la forme de *potentiels d'actions* que les spécialistes appellent aussi *spikes*[4]. Au moins en première approche, nous devons en effet séparer information et temps, dont les mesures sont parfaitement indépendantes. On peut combiner les deux, par exemple par un débit exprimé en bits par seconde, mais il n'est pas possible de les fusionner. Nous n'aurons pas besoin du temps pour trouver les premières fondations de l'information mentale. En revanche, le temps deviendra une dimension indispensable lorsqu'il s'agira de spéculer sur les processus séquentiels et sur la pensée.

Il est maintenant temps d'introduire la très fameuse règle de Hebb. Cette règle, qui doit son nom au neuropsychologue canadien Donald Hebb (1904-1985), stipule que lorsqu'un neurone est actif et que cette activité déclenche systématiquement celle d'un autre neurone qui lui est connecté en aval, alors leur liaison doit se renforcer[5]. Ce principe participe d'une compréhension plus large de l'apprentissage neural que les neurobiologistes appellent *plasticité* des liens synaptiques. La règle de Hebb, énoncée en 1949, a depuis trouvé de nombreuses corroborations, notamment grâce à Eric Kandel, prix Nobel de physiologie et médecine en 2000 et à son animal marin préféré : l'aplysie[6] dont le système nerveux se réduit à quelques milliers de cellules, certaines visibles à l'œil nu, et qui se prête donc relativement bien à l'expérimentation.

Dans le modèle de la figure 6.1, la plasticité est prise en compte à travers les poids w_i. Beaucoup de théories neurales informationnelles, biologiques ou formelles, attribuent à la plasticité un rôle disproportionné. Ces théories et les architectures qui s'en déduisent, comme les perceptrons ou les réseaux de Hopfield présentés dans le chapitre qui va suivre, font en effet directement porter l'information par les valeurs finement calculées de ces poids. Ceci est une aberration car une conséquence immédiate en serait que des détériorations de connexions synaptiques, même mineures, se répercuteraient de façon désastreuse sur le contenu de la mémoire à long terme. Or le cerveau s'accommode plutôt bien des dommages que lui infligent, tout au long de son existence, les vicissitudes de sa vie chimique. Il est *résilient*. La plasticité est certes une propriété forte du fonctionnement cortical, mais pas de la manière dont le voient les théories connexionnistes classiques, qui font du poids synaptique le support de l'information mentale. Bien sûr, nous reviendrons sur ce point fondamental lorsque tout cela deviendra plus concret.

Neurones fortuits

Il nous faut, au plan fonctionnel, distinguer deux sortes de neurones selon un critère qui n'est probablement pas enseigné dans les facultés de médecine. La première famille est celle des neurones qui transmettent l'information sans avoir vocation à la conserver. Ces neurones relais sont les premiers à avoir investi les organismes eucaryotes, il y a peut-être un milliard d'années. Dès leur apparition, leur fonction est devenue essentielle dans l'évolution de la branche animale : multiplier, grâce à différents signaux excitateurs et inhibiteurs, les circuits d'alerte entre les neurones sensoriels et les neurones moteurs. Ces neurones et leurs connexions forment une tuyauterie complexe qui rend possible un transfert d'informations essentiellement unidirectionnel (en anglais : *feedforward*[7]).

Par on ne sait quel caprice ou miracle des transformations génétiques qui remanient les espèces depuis les temps anciens, des neurones en très grande quantité ont commencé à s'accumuler dans des zones qui n'étaient pas forcément indispensables, à la périphérie de l'encéphale. Mais ce n'était pas non plus létal et la vie, grâce à la dimension informationnelle de l'évolution, en a merveilleusement profité. Ces neurones fortuits sont devenus autre chose que de simples transmetteurs ; ils ont précisément acquis le statut de *nœuds dans un graphe fortement récurrent* et à ce titre, ont pu commencer à contribuer au stockage de l'information en tirant profit du mécanisme de Hebb, puis au développement de fonctions cognitives supérieures.

À vrai dire, ce sont les arêtes du graphe neural, bien plus que les nœuds, qui soutiennent l'information mentale, comme l'écrit pertinemment Kandel : « Il nous a fallu un an pour réaliser ce qui aurait dû nous sauter aux yeux depuis le début : les mécanismes cellulaires de l'apprentissage et de la mémoire ne résident pas dans les propriétés spécifiques du neurone lui-même, mais dans les connexions entrantes ou sortantes qu'il établit avec les autres cellules du circuit nerveux auquel il appartient[8]. » En d'autres termes, et ceci est un atout considérable pour ceux qui envisagent de concevoir des cerveaux artificiels, le trait importe plus que le point, le fil plus que l'organe. Ce dernier pourra être électronique et assurer le minimum essentiel de ce que le vrai neurone est capable de faire : sommer des signaux d'entrée et s'activer sous condition de dépassement de seuil. On ne lui demandera pas beaucoup plus. Le fil, quant à lui, ne pose évidemment aucun problème de conception, si ce n'est celui du *routage*, comme dans les circuits intégrés contenant des milliards de transistors. Des millions de millions de connexions, ce ne sera pas quand même une mince affaire à gérer...

Il est toutefois nécessaire d'aller un peu au-delà de la description minimaliste que nous venons de faire du réseau cortical informationnel, mais sans en dénaturer le modèle de graphe récurrent. Le nœud n'y est effectivement pas un neurone unique mais un groupe de neurones, une centaine environ, que les neuroanatomistes appellent *microcolonne*. C'est un montage assez hétérogène de neurones excitateurs et inhibiteurs capable de recevoir des signaux de la « couche physique » ainsi que du thalamus, d'en transmettre vers d'autres zones du cerveau, proches ou lointaines, ou en retour vers les régions subcorticales. La microcolonne, lorsqu'elle s'exprime et afin d'éviter la cacophonie, est également susceptible d'envoyer vers ses voisines des « injonctions de se taire ». Le métabolisme de cette petite merveille de micromécanique neurale est assuré par plusieurs centaines de cellules gliales[9].

La microcolonne, qui se répète plus ou moins à l'identique environ un milliard de fois sur les quelque vingt décimètres carrés de matière grise plissée que contient le cortex humain, est assurément le composant cognitif fondamental. Nous l'assimilerons ici à un seul neurone virtuel, que nous baptisons *fanal* (pour des raisons qui apparaîtront au chapitre 10) et dont le modèle formel n'est en rien différent de celui de la figure 6.1. Le graphe neural est donc, du point de vue de l'information, constitué d'environ un milliard de fanaux interconnectés.

Les neuroanatomistes ont également mis en évidence une certaine organisation hiérarchique du réseau neural. Les microcolonnes (les fanaux, donc) s'associent, par dizaines, centaines ou milliers, en *colonnes*[10] (que nous appellerons également grappes dans les chapitres suivants), puis plusieurs colonnes réunies forment à leur tour des *macrocolonnes* qui s'assemblent également, pour conduire à ce que l'on appelle traditionnellement les *aires* du cerveau. Notre théorie de l'information mentale s'arrêtera aux macrocolonnes, en deçà des terres encore inexpugnables – physiquement parlant, s'entend – du sens et de la psychologie. Nous fournirons les plans des premiers étages ; ceux des niveaux supérieurs nous sont, pour le moment, inconnus.

Les auteurs de la littérature neuroscientifique utilisent un vocabulaire très variable, selon les spécialités et/ou les époques, ce qui a souvent été troublant pour les néophytes que nous sommes. Les termes *minicolonne*, *hypercolonne* ou encore *blob*, que nous n'utiliserons pas dans la suite, sont par exemple assez courants. Pour résumer la vision anatomique et comptable que nous avons du néocortex, précisons les ordres de grandeur que nous avons adoptés et qui, bien que très approximatifs, serviront de référence calculatoire dans la suite : néocortex ≈ 100 aires ≈ 100 000 macrocolonnes ≈ 10 millions de colonnes ≈ un milliard de microcolonnes ≈ 100 milliards de neurones.

Chapitre 7

LES RÉSEAUX DE NEURONES

À partir du modèle de McCulloch et Pitts de la figure 6.1, de nombreuses architectures de réseaux de neurones artificiels ont été imaginées pour traiter de problèmes aussi variés que la classification, la reconnaissance de caractères manuscrits ou les mémoires associatives dont nous parlerons plus loin dans ce chapitre. Ces réseaux peuvent être rangés en deux grandes familles selon que les graphes qui leur sont associés sont récurrents ou non.

C'est à la fin des années 1950 que Frank Rosenblatt[1] inventa le perceptron, première machine à apprendre par « reconfiguration synaptique », c'est-à-dire par modification des poids w pour tout nouvel élément de connaissance à acquérir. À ce titre, ce réseau de neurones formels suscita un intérêt considérable dans les communautés de l'intelligence artificielle dont la conférence de Dartmouth avait quelques années auparavant lancé les premiers défis. Enfin, l'informatique se rapprochait de ce que l'on croyait savoir du fonctionnement cérébral ! Dans sa version la plus aboutie, le perceptron possède une architecture unidirectionnelle (donc non récurrente) en couches, de la couche neuronale d'entrée vers celle de la sortie en passant par un certain nombre de niveaux intermédiaires, appelés « couches cachées ». À vrai dire, le perceptron de Rosenblatt ne contenait aucune couche intermédiaire et, du fait de cette simplicité, n'était capable de traiter que des problèmes de classification linéaire. Ce sont des situations dans lesquelles les populations d'échantillons à classer selon certains critères, sous réserve que ces échantillons puissent être représentés par des points dans un plan, ne peuvent être séparées que par des droites. Il lui était donc impossible de distinguer, par exemple, quelques moutons noirs dispersés dans un troupeau de moutons blancs, ou l'inverse.

En introduisant des niveaux intermédiaires, l'obligation de linéarité est levée et les moutons peuvent enfin être classés en deux catégories éparpillées. L'un des exemples les plus marquants de l'intérêt de ces machines à classifier fut donné en 1990 par Yann LeCun[2] qui mit au point, avec ses collègues de l'Université de New York, un perceptron à six couches possédant 4 635 neurones formels similaires à celui de la figure 6.1 et près de 100 000 connexions pondérées[3]. Après une phase d'apprentissage portant sur plusieurs milliers de chiffres manuscrits aussi bien que dactylographiés, et l'adéquation des poids synaptiques à ces multiples échantillons, le perceptron fut capable de reconnaître n'importe quel chiffre avec un taux de succès de l'ordre de 97 %. Ce résultat donna un élan aux applications de reconnaissance optique des caractères, pour le courrier postal notamment. Mais peu de progrès vraiment décisifs suivirent ces premiers développements sur les réseaux unidirectionnels.

Du côté des réseaux de neurones récurrents, une innovation majeure, au moins conceptuellement, fut proposée en 1982 par John Hopfield[4] pour viser la fonctionnalité de *mémoire associative*. Dans une mémoire électronique, la mémoire vive de nos ordinateurs par exemple, les messages sont rangés dans des cases spécifiquement formatées et accessibles par des adresses. Ces messages sont donc isolés les uns des autres comme le sont des lettres dans une armoire à courrier, et un message ne peut être mis en attente ou récupéré si son adresse n'est pas connue. Ce modèle de mémoire, dit indexé, n'est pas celui de la mémoire cérébrale. Celle-ci n'a évidemment pas pu s'organiser à partir d'une règle d'indexation qui requiert des registres d'adresses numériques prédéfinis et que l'évolution, dans un dessein particulièrement intelligent, aurait dû mettre en place avant la mémoire elle-même. L'évolution n'a pas fait son « marché biologique » de cette façon.

Pour expliquer la mémoire cérébrale, le principe auquel on se réfère le plus souvent est donc celui de la mémoire associative qui est un dispositif dans lequel il est possible de retrouver les messages qu'on y a stockés à partir de fractions de leurs contenus, même partiellement approximatives ou erronées. Par opposition avec les mémoires indexées qui assignent une place spécifique à chaque message, et dont l'adresse est le seul lien pour le retrouver, les mémoires associatives utilisent des structures qui mutualisent le matériel disponible. Les messages y sont donc physiquement chevauchants, ce qui offre des possibilités d'association et de croisement d'informations, susceptibles d'ouvrir vers des aptitudes à l'analogie et à l'élaboration.

Les réseaux de Hopfield

L'état de l'art des mémoires associatives à base de neurones formels ne s'est pas beaucoup éloigné du modèle proposé par Hopfield il y a déjà trente ans[5]. Un tel réseau repose sur un graphe complet, exception faite des boucles. Ce graphe est non orienté et chaque arête possède un poids synaptique. Les nœuds représentent des neurones, dont la tâche se réduit à la succession de deux opérations : la somme des différentes entrées, c'est-à-dire les valeurs des autres neurones pondérées par les poids synaptiques selon la relation (6.1) avec $\sigma = 0$, puis une discrétisation de la somme obtenue produisant la valeur -1 en cas de résultat négatif, et $+1$ autrement. Les neurones sont donc ici à valeurs binaires, non plus 0 et 1, mais -1 et $+1$. La figure 7.1 donne un exemple de réseau de Hopfield composé de $n = 8$ neurones. Le poids synaptique entre les neurones i et j est noté w_{ij}.

Puisqu'il s'appuie sur un graphe complet, un réseau de Hopfield à n neurones contient $\dfrac{n(n-1)}{2}$ arêtes (voir chapitre 5) et donc autant de poids synaptiques. À chaque bit d'un message à apprendre est associé un neurone particulier, toujours le même suivant la position du caractère dans le message. Supposons que le réseau doive apprendre cinq messages dont la valeur binaire de rang i est

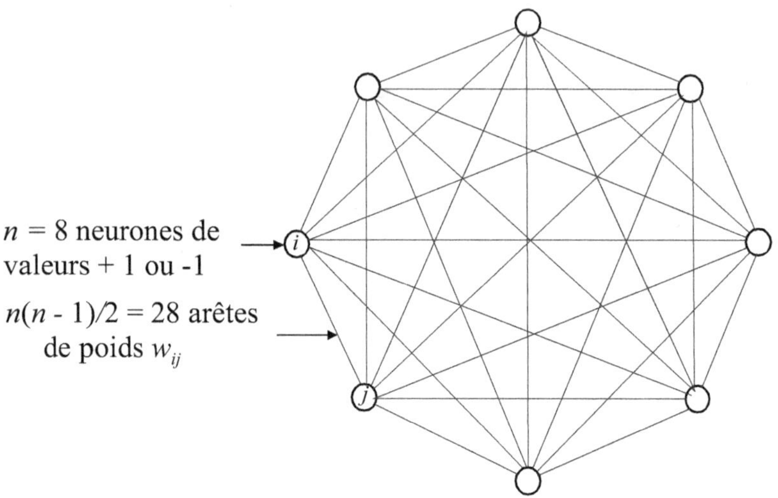

Figure 7.1. Réseau de Hopfield avec huit neurones.

successivement :   −1, +1, +1, −1, −1   et   celle   de   rang j :
+1, −1, −1, +1, −1. Alors le poids w_{ij} est calculé comme la
somme des produits successifs des deux valeurs binaires, soit pour
cet exemple :

$$(-1)\times(+1)+(+1)\times(-1)+(+1)\times(-1)+(-1)\times(+1)+(-1)\times(-1),$$

ce qui donne −3. Plus les deux séries se ressemblent, plus le poids
est positif ; inversement un poids est d'autant plus négatif que les
séries diffèrent[6]. Il est possible de voir cette règle d'apprentissage
comme une expression de la règle de Hebb. Cette règle est ici symé-
trisée, le poids w_{ij} augmentant à l'arrivée d'un nouveau message si
les neurones i et j ont le même avis (tous deux −1 ou +1) et dimi-
nuant s'ils sont d'avis contraires.

Le principe de l'apprentissage d'un réseau de Hopfield est donc
simple : le circuit est à chaque fois tout entier concerné par l'acquisition d'un nouveau message, chaque neurone étant affecté à une
valeur binaire dont la place est toujours la même dans les messages,
qu'il s'agisse d'ailleurs d'écriture ou de lecture. Remarquons-lui
cependant un premier défaut : le réseau peut apprendre tout et son

contraire ! En effet, apprendre un message ou son opposé (tous les +1 y deviennent des −1 et inversement) revient au même résultat sur les poids synaptiques. On pourra s'en persuader à partir de l'exemple que nous avons donné plus haut. C'est donc une source d'ambiguïté dont la mémoire associative se passerait bien.

Après l'apprentissage de M messages, w_{ij} fournit pour chacun d'eux une information partielle extrêmement « bruitée » par les $(M-1)$ autres, ce poids ne représentant qu'une statistique locale sur l'ensemble des messages qui ont été retenus par le réseau. Toutefois, chaque neurone peut compter sur $(n-1)$ informations incidentes et on espère que ce message particulier pourra être retrouvé grâce à toutes ces contributions, même si chacune d'entre elles est peu fiable[7]. La remémoration à partir d'un fragment de message s'appuie sur un processus itératif, et donc à temps échantillonné. Pour commencer, chaque neurone est initialisé à la valeur du bit correspondant (−1 ou +1) dans le message. Si celle-ci n'est pas connue, on peut avantageusement lui attribuer la valeur neutre 0, ce qui signifie concrètement « pour le moment, on ne sait rien de sa valeur mais on espère que cela va changer par la suite ». On peut également prendre au hasard −1 ou +1, mais le résultat sera un peu moins bon. Ensuite, chaque neurone est mis à jour selon les opérations décrites plus haut : somme et seuillage. Le processus peut être synchrone (mise à jour simultanée de tous les neurones) ou asynchrone (mise à jour séquentielle dans un ordre quelconque), le résultat de la convergence étant peu sensible au type de dynamique[8].

La mise à jour est réitérée jusqu'à ce qu'un point fixe soit obtenu, quand plus aucune valeur de neurone ne change entre deux itérations. Il peut être montré que le processus réduit à chaque étape une certaine grandeur, dite énergie du réseau[9], jusqu'à ce que l'état stable soit atteint. En physique comme en chimie et plus largement dans les théories des systèmes complexes, il est très courant que la fonction *minimum d'énergie* soit le fil conducteur dans la recherche d'états stables. Les organismes vivants et, pour ce qui nous intéresse plus spécifiquement ici, le système cortical, n'échappent pas à ce souci crucial d'économie.

Le nombre d'itérations nécessaires pour atteindre un état stable est variable et croît avec le nombre de neurones et de messages mémorisés. La situation triviale est celle d'un seul message appris ; il suffit alors de connaître la valeur d'un seul neurone et les $(n-1)$ autres valeurs s'en déduisent immédiatement à l'aide des poids, lesquels ne peuvent alors valoir que −1 ou 1 et indiquent sans aucune ambiguïté les égalités ou les oppositions. Pour deux messages, tous les poids sont de valeurs 0, −2 et +2. Seules les deux dernières sont informatives, ce qui commence à gêner un peu le travail de restitution. Lorsque le nombre de messages appris augmente, les poids sont de plus en plus erratiques et le décodage devient problématique. Le principal critère de performance est bien sûr le nombre maximal M_{max} de messages qui peuvent être acquis et retrouvés sans erreurs et que l'on appelle la *diversité*[10] d'apprentissage de la mémoire. Par des calculs savants, il a été démontré[11] que cette diversité est nécessairement inférieure au nombre n de neurones[12]. On dit d'une telle loi qu'elle est *sous-linéaire*. Il est ainsi impossible de demander au réseau de la figure 7.1 d'apprendre plus de trois octets sans qu'il se mette à bredouiller dans leur restitution.

Un autre paramètre d'importance est l'*efficacité* du réseau η (eta) calculée comme le rapport entre la quantité d'informations binaires apprises et celle qui est nécessaire au stockage des poids. L'efficacité des réseaux de Hopfield est faible[13], par exemple 2 % pour $n = 1000$, et, pire encore, tend vers 0 quand n tend vers l'infini. Ce n'est donc pas une structuration de données efficace, qu'il n'est pas raisonnable d'envisager comme modèle neuromimétique pour de vastes réseaux, corticaux par exemple. De plus, il n'est pas biologiquement plausible de s'appuyer sur des poids synaptiques qui peuvent être au cours de l'apprentissage positifs puis négatifs, ou l'inverse. Nous savons en effet qu'une liaison synaptique est soit excitatrice soit inhibitrice, mais pas les deux tour à tour, au moins sur le moyen terme. Enfin, nous l'avons déjà dit dans le chapitre précédent, ce genre de construction est très sensible aux dégradations car l'information y est portée non par le trait mais par l'épaisseur du trait !

Les réseaux de Hopfield ont été au début des années 1980 une innovation majeure en matière de mémoire associative « façon réseau neural ». Avec un modèle de neurone peu sophistiqué et des règles d'apprentissage et de remémoration simples, il était ainsi démontré la possibilité de réaliser une fonction essentielle du processus mental : la récupération de messages ou de souvenirs tronqués. Cependant, deux notions manquent cruellement à ce type de réseaux, que nous exploiterons massivement dans les chapitres qui vont suivre : la parcimonie et le codage redondant.

Chapitre 8

CODES, CORTEX, CYCLES, CLIQUES ET CORRÉLATION

Ce chapitre des « 5 C » rassemble les réflexions qui nous ont conduits, par un travail d'analogie, à proposer une théorie de l'information mentale basée sur le décodage correcteur d'erreurs distribué. Le raisonnement par analogie ne fait pas vraiment partie des premiers canons de la recherche, tels que l'expérimentation, la déduction ou l'induction. Il est vrai que l'on ne conçoit pas un avion de ligne sur le modèle de l'albatros ou une voiture de course sur celui du lévrier. Nous n'avons comme seule excuse que ce n'est pas de la nature que nous nous inspirons pour concevoir une machine, mais que c'est dans une machine, imaginée par l'homme, que nous cherchons des éléments d'explication de la nature ! *Vanitas vanitatum, et omnia vanitas.*

Si l'on pouvait regarder à l'intérieur d'un décodeur de code LDPC complètement parallèle (un circuit dans lequel un processeur est affecté à chaque opération), comme on examinerait au microscope un peu de substance grise du cerveau, on observerait un réseau maillé et alterné comparable à celui de la figure 4.2 (b). Comme nous l'avons expliqué dans le chapitre 4, chaque sommateur (Σ) reçoit un certain nombre d'informations relatives à une valeur binaire particulière, issues de quelques vérificateurs de parité (P), les agrège et renvoie le résultat vers ces mêmes vérificateurs. L'une des subtilités du processus consiste à faire en sorte que ce qui est transmis par un sommateur à un vérificateur de parité ne contienne pas la contribution issue de ce même vérificateur ; les sorties du sommateur, que nous avons déjà appelées informations extrinsèques, sont donc toutes différentes. Pareillement, un vérificateur de parité confie à un sommateur une estimation de valeur binaire, basée sur une contrainte de parité, qui ne doit pas tenir compte de ce qu'il a reçu de ce même opérateur. Cette façon d'échanger l'information : « tu me donnes, je ne te le rends pas mais te propose autre chose pour le remplacer » participe du principe très général de diversité, fondamental dans les sciences de la communication, et aide les décodeurs distribués à ne pas trop ressentir les effets de la *corrélation*.

La corrélation non maîtrisée, en effet, réduit considérablement les performances des systèmes répartis car des erreurs peuvent s'entretenir, voire s'amplifier ou se multiplier, lorsque des opérateurs « se renvoient les mêmes faux arguments », totalement ou partiellement. C'est, de façon imagée, la situation dans laquelle se trouverait un internaute découvrant sur plusieurs sites d'information une nouvelle effarante, laquelle se révélerait plus tard être le résultat d'un canular ou d'une propagande malveillante, amplifiée par des réactions croisées et des commentaires exacerbés. La corrélation cachée peut être très trompeuse dans la vie quotidienne, voire dangereuse lorsqu'elle prend la forme de rumeurs.

Dans un système dont le fonctionnement peut être décrit par un graphe récurrent, la corrélation ne peut être totalement écartée. En examinant de près la figure 4.2 (b), on y remarque des cycles, autrement dit des chemins le long desquels une information, même soigneusement élaborée, peut revenir à l'envoyeur après un certain nombre d'étapes de calcul. La seule façon d'atténuer les conséquences néfastes de cette réverbération est de ne retenir que les graphes dont les cycles sont les plus longs possibles. Cet objectif a occupé pendant de longues années de nombreux chercheurs de la communauté du codage, à la recherche de la maille maximale, c'est-à-dire du défaut minimal.

Quand la corrélation
se fait partenaire

Le néocortex s'est-il déployé, durant l'évolution, en s'appuyant sur des principes similaires ? Bien sûr que non : la vie n'a pu combattre la corrélation, omniprésente et inéluctable, alors elle l'a exploitée, mais à des fins positives. Afin d'aller plus loin sur ce point, revenons une fois de plus au schéma de la figure 4.2 (b).

La similarité entre les sommateurs du décodeur et le neurone formel de la figure 6.1 est manifeste, à la différence près que le neurone ne calcule aucune information extrinsèque et se contente de produire un seul signal de sortie. En revanche, les processeurs de parité ne trouvent aucun écho dans la texture corticale, *a priori* insensible à toute notion d'algèbre. S'il s'agit, comme nous prétendons le faire, de dresser un parallèle entre décodage correcteur et travail cérébral, il nous faut impérativement trouver l'équivalent biologique des relations de parité.

Quelle peut donc être la nature de cette contrainte, exercée des millions de millions de fois dans le néocortex pour lier localement entre elles les activités de petites assemblées de neurones ? Le cycle, pardi ! Ou plus exactement la clique, le motif graphique dont nous avons déjà montré dans le chapitre 5 qu'il pouvait être assimilé à un mot de code d'un bon code redondant. Pour nous en persuader à nouveau, considérons la figure 8.1 qui représente un graphe contenant deux cliques à cinq sommets, recouvrantes par deux d'entre eux, et dans lequel une arête a disparu. Il est plutôt facile de la retrouver. Mais quelle règle utilisons-nous, plus ou moins consciemment, pour « ramender » une clique ? Tout simplement la corrélation, laquelle de nuisance dans le décodage des codes algébriques distribués, se transforme en partenaire idéal dans le traitement des codes définis géométriquement : si A et E sont tous deux reliés à B, à C et à D, alors il est très probable que A et E sont également directement connectés. Et si cette liaison a physiquement disparu, alors elle va se reconstruire grâce au principe de Hebb, et d'autant plus énergiquement qu'il y a davantage de nœuds dans la clique et de liaisons interdépendantes.

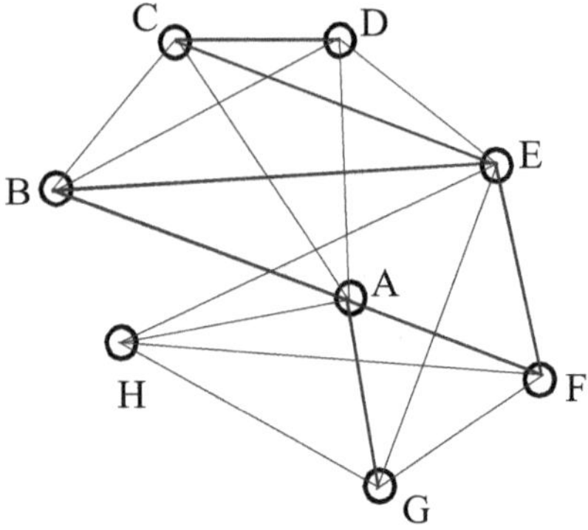

Figure 8.1. Un graphe avec deux cliques à cinq sommets abîmées. Où est l'arête manquante ?

Cette règle de Hebb qui explique la forte inclination des neurones qui s'activent ensemble à se souder par des liens directs et durables mériterait d'être érigée en grande loi de l'univers, peut-être la première de toutes pour ce qui concerne l'espèce humaine. Sans cette loi fondamentale, le cerveau ne disposerait d'aucune structure informationnelle évolutive et serait donc incapable de conserver le moindre souvenir. Et sans mémoire ni raison, aucune théorie possible sur quoi que ce soit. En particulier, aucun auteur ni lecteur !

Voilà une question importante réglée : nous connaissons maintenant le principe naturel dont le réseau neural tire profit pour construire, reconnaître et éventuellement réparer des « morceaux d'information » mentale. Il s'agit de la corrélation, ce lien universel (mathématique, physique, chimique, social) qui, lorsqu'il est maîtrisé, tend à regrouper par affinités les variables, les objets, les molécules, les individus en populations homogènes et favorise aussi le grégarisme neuronal, grâce à la loi de Hebb. C'est même très probablement le seul moyen que la vie peut trouver pour lutter contre le deuxième principe de la thermodynamique[1] et faire émerger « l'ordre dans le désordre », pour reprendre les termes d'Erwin Schrödinger[2] ou « l'improbable dans le probable » selon ceux de Pierre Teilhard de Chardin[3]. De la même manière qu'une source d'informations voit son entropie diminuer lorsque les événements qu'elle peut produire deviennent dépendants dans le temps (on dit d'ailleurs d'une telle source qu'elle a une « mémoire »), le désordre décroît dans un système dont les composants adoptent des comportements qui se corrèlent. Henri Atlan l'avait déjà bien noté : « On voit donc que la notion d'ordre – ou d'organisation qui est définie par certains de la même façon – est alors ramenée à celle d'interdépendance des symboles d'un message ou des éléments d'un système[4]. » C'est ce que doivent se dire, au début de l'été, les polytechniciens quelque peu dissipés avant de s'aligner et de se synchroniser sous le commandement de leur officier « donneur d'ordre » pour défiler sur les Champs-Élysées.

Mais revenons au codage et à quelques faits bien établis. Un codage redondant appliqué à des messages binaires de longueur k produit 2^k mots de code de longueur supérieure à k et le décodeur correspondant est capable de retrouver l'un d'entre eux, une aiguille dans une gigantesque botte de foin, à partir d'informations partielles ou altérées, jusqu'à un certain point. Reprenons notre nombre fétiche $k = 266$, 2^{266} étant toujours l'ordre de grandeur du nombre estimé d'atomes dans l'univers visible. La quantité d'information totale « apprise » par le décodeur, qui est donc supérieure à 266×2^{266} (la longueur des messages multipliée par leur nombre), dépasse vertigineusement la capacité de la mémoire biologique. Aurions-nous inventé un artefact bien plus puissant que le cerveau humain, en termes de capacité mnésique ? Non, ceci n'est qu'illusion : de tels décodeurs, s'ils existent, ne peuvent travailler que sur des lois de codage linéaires. En d'autres termes, les 2^k mots de code ne sont en réalité que des combinaisons linéaires de seulement k mots indépendants. Le décodeur ne peut pas apprendre plus que ce petit dictionnaire de base vectorielle. Par exemple, chaque mot du code de Hamming (il y en a seize possibles, voir table 3.1) et qui ne soit pas « tout à zéro » (il en reste quinze), peut s'écrire comme la somme modulo 2 de certaines ou de la totalité des bases suivantes : 10000111, 01001011, 00101101 et 00011110[5].

Tournons-nous maintenant vers les réseaux de neurones formels, plus précisément vers les réseaux de Hopfield présentés dans le chapitre précédent. Ces machines ont été imaginées pour pouvoir apprendre des messages quelconques, indépendants, et non plus reliés entre eux comme le sont les mots de code d'un code linéaire. Mais la performance de ces réseaux ne porte pas non plus à l'enthousiasme : la diversité d'apprentissage $M_{\max}$ est inférieure au nombre n de neurones. Ainsi, la loi linéaire, voire sous-linéaire, semble être le lot misérable de tous les dispositifs d'apprentissage basés sur les codes ou les graphes. Tout de même, quitte à rester très modeste, à ne pas viser nécessairement des lois exponentielles, n'y a-t-il pas un moyen d'aller au-delà de la borne linéaire ? Une *loi quadratique*, par exemple, nous irait parfaitement : un milliard de microcolonnes, cela donnerait idéalement la possibilité de mémoriser un milliard de milliards de messages, ou situations. Plus qu'il n'en faut pour proposer une théorie de l'information mentale, au moins sur les aspects comptables. Dans le chapitre 10, cette loi quadratique, nous l'arracherons des griffes des graphes, des codes et des cliques.

Ce qui frappe d'abord, lorsqu'on compare les propriétés d'un décodeur distribué et celles du néocortex, ce sont leurs capacités à converger vers des points fixes successifs, non équivoques, selon leurs rythmes propres, électronique ou biologique : une seule solution à un instant donné, choisie parmi un nombre astronomique de possibilités pour répondre le plus fidèlement possible aux signaux internes ou externes qui pilotent la séquence. À l'évidence, le néocortex a des allures de décodeur. Ces deux systèmes non linéaires[6] peuvent être représentés par des graphes binaires dont les connexions, présentes ou absentes, spécifient les liens entre les variables, algébriques pour le décodeur, topologiques pour le réseau neural. Les valeurs de ces variables sont, dans les deux cas, exprimées par des niveaux analogiques lors du décodage : indice de confiance pour l'un, fréquence des potentiels d'action pour l'autre. Mais il faut bien comprendre que l'amplitude de ces signaux n'est pas une mesure d'information ; elle rend « seulement » compte de la force ou de la fiabilité de ces éléments d'information dans le processus en cours, tout comme l'indice de confiance dans les prévisions météorologiques. La vigueur avec laquelle un neurone s'active, à travers la fréquence de ses impulsions axonales, traduit l'importance qu'il veut prendre, en tant que nœud du graphe, dans l'excitation d'un motif géométrique particulier, qui est le véritable porteur de l'information[7].

Nos souvenirs, nos pensées sont très séparables. Si vous, lecteur, en ce moment précis, décidez de fredonner *Let it be*, il n'y aura pas de confusion ou d'interférence avec les mille autres mélodies que vous pourriez vous remémorer. Autrement dit, la distance minimale, au sens du codage redondant exposé dans les chapitres 3 et 4, entre les *mots de code mentaux* accumulés est très élevée. Vous pourrez aussi, à tout moment, interrompre et enchaîner avec *Belle-île-en-mer, Marie-Galante*, si le cœur vous en dit. Ce libre arbitre est une propriété neurale dont nous n'avons pas encore de modèle physique. Ce qui est certain, en revanche, c'est que vous ne pourrez pas chanter les deux rengaines en même temps. Ces deux séquences, mots de code de votre graphe neural, sont aisément séparables et non superposables. Ce dernier point distingue nettement les comportements d'un décodeur de code linéaire de ceux d'un décodeur cortical mais dans les deux cas, c'est bien la redondance qui permet cette forte séparabilité des informations dans les deux phases d'apprentissage et de remémoration.

Une structure redondante bien conçue est par ailleurs résiliente, d'autant plus qu'elle est abondamment distribuée : plus il y a d'acteurs dans la pièce, moins la défaillance de l'un d'eux est perceptible. Non seulement le néocortex, avec ses microcolonnes plutôt cossues, peut s'accommoder de la panne d'un composant élémentaire ou de la disparition d'une connexion, telle que celle de la figure 8.1, mais il est également capable de réparer le défaut. Si c'est un neurone qui flanche, alors c'est un neurone voisin, dans la même microcolonne, qui sera réquisitionné pour lancer de nouveaux ponts et reconstituer les motifs géométriques abîmés. Si c'est une connexion qui se brise, le mécanisme de Hebb, à force de rééducation, rétablira la liaison. Bien sûr, cette aptitude à l'auto-réparation a des limites et ne peut corriger de graves lésions.

Nous venons, dans ce chapitre, de souligner les analogies : structure distribuée, redondance et grande distance minimale, points fixes de convergence, résilience, ainsi que les antinomies : rôle de la corrélation, linéarité *versus* non-linéarité des décodeurs algébriques des systèmes de communication modernes et des décodeurs géométriques corticaux. Avant de proposer un modèle analytique de la mémoire biologique – c'est la principale contribution de cet ouvrage –, il nous faut encore convaincre sur l'importance de la parcimonie, et pas seulement en pays auvergnat ou bas-breton.

Chapitre 9

LA PARCIMONIE

Un système d'acquisition est dit parcimonieux lorsque le nombre de données pertinentes qu'il délivre sur un échantillon de connaissance est faible au regard de la complexité de la source d'informations. Si ce système est linéaire, il peut être spécifié par une transformation matricielle rectangulaire dont l'une des dimensions (la sortie) est très petite devant l'autre (l'entrée). Cette définition de la parcimonie suppose maîtriser la notion de pertinence, laquelle est fortement subjective, dépendant de la machine ou de l'individu qui va exploiter les données. Par exemple, les critères psychovisuels intervenant dans la compression d'images animées ne sont pas les mêmes que ceux pris en compte dans la compression d'images fixes. Ce sont tous deux des systèmes d'acquisition parcimonieux, mais les mécanismes physiologiques de la vision n'étant pas tout à fait les mêmes pour une séquence d'images et pour une image fixe, les méthodes de compression sont également différentes.

La parcimonie est devenue un critère majeur dans la conception de certains systèmes d'information, par les proximités qu'elle entretient avec la consommation d'énergie ou les temps de transfert d'informations. L'« Internet des objets », qui ambitionne d'étendre le réseau classique des échanges entre ordinateurs au monde réel[1], en est une illustration de forte actualité. Comment des capteurs en nombre considérable et disposant de peu d'énergie peuvent-ils acquérir et transmettre des informations multiformes et pertinentes au réseau global ? C'est aussi la question posée vis-à-vis du système nerveux.

Nous avons déjà souligné, dans le chapitre 2, à quel point le monde mental est parcimonieux par rapport à la richesse en détail du monde extérieur. Prenons un autre exemple simple : l'observation d'un arbre. Il y a peu de chances qu'on puisse se souvenir après coup du nombre de feuilles sur la branche la plus à droite. Il est probable en revanche qu'on pourra reconnaître cet arbre si on tourne à nouveau son regard vers lui. Tout se passe comme si le néocortex ne retenait que ce dont il pourrait avoir besoin plus tard, ce qui reviendra le plus souvent à simplement identifier et évoquer. Si l'on est prévenu qu'il faudra dans le futur être capable de reconnaître l'arbre observé parmi cent autres de la même espèce, la représentation mentale qui en sera faite sera bien plus longue, difficile et plus coûteuse en énergie. Pour autant – à part peut-être si cela devient question de vie ou de mort – on sera probablement toujours incapable de donner le nombre de feuilles sur la branche la plus à droite. Ce n'est pas tant la limitation de capacité de mémoire que le souci d'économie d'énergie qui dicte le comportement mental : chaque effort de mémorisation coûte et le flux sanguin alimentant le cerveau ne sort pas d'une corne d'abondance.

Le cerveau est donc parcimonieux par nécessité énergétique. Dans le chapitre 5, nous avons proposé de considérer la clique comme support élémentaire de l'information dans le graphe cortical. C'est un motif dont le coût d'activation est très économique : quelques nœuds sollicités dans un ensemble qui se compte en centaines de millions et malgré cela, aisément distinguables. La clique neurale est aussi un concept qui est loin d'être étranger à certains spécialistes des neurosciences, comme l'attestent plusieurs publications récentes[2], mais simplement en tant qu'idée générale et non formalisée.

Maintenant, il s'agit de savoir sur quel processus s'appuie la sélection d'un nœud, parmi tant d'autres, dans la matérialisation d'une clique particulière. Il nous faut pour cela faire appel à la théorie du codage redondant, introduite dans la première partie de cet ouvrage, en y ajoutant le nouvel ingrédient systémique qu'est la parcimonie. Les codes redondants usuels ne sont pas parcimonieux, la priorité revenant à la performance et non à l'économie d'énergie. Il est possible de mesurer le degré de parcimonie d'un code à travers son *spectre pondéral*. Celui-ci fournit la liste des mots de code regroupés selon la valeur croissante de leurs poids u, le poids d'un mot étant tout simplement le nombre de 1 qu'il contient et qui peut varier de 1 à n, où n est la longueur des mots. Un code parcimonieux est, sous cet angle de vue, un code dont le spectre pondéral est nul à partir d'une certaine valeur de poids petite devant n alors que les codes usuels ont une distribution pondérale symétrique, c'est-à-dire contenant autant de mots de poids u que de mots de poids $n-u$.

Il arrive dans des applications très particulières que seuls des mots de code de poids faible soient effectivement retenus ; on cherche alors à minimiser l'énergie dépensée pour la transmission en utilisant une modulation d'amplitude par tout ou rien, dans laquelle l'émission d'un 0 ne coûte rien. On peut au contraire ne considérer que des mots de poids fort, par exemple lorsque les récepteurs s'alimentent grâce au signal reçu. Les codes choisis sont alors soit parcimonieux soit antiparcimonieux. Malgré tout, ces applications sont à ce jour restées marginales et la littérature est assez peu loquace en matière de codage parcimonieux ou antiparcimonieux, à l'exception des *codes à poids constant*[3].

Un code binaire à poids constant sur l'alphabet $\{0;1\}$ est spécifié par trois paramètres : la longueur n des mots de code, leur poids constant u et la distance minimale δ. Ce code ne contient par définition que des mots ayant exactement u valeurs à 1. Par ailleurs, on définit le recouvrement maximal r inférieur à u comme le nombre maximum de 1 que peuvent partager, aux mêmes places, deux mots du code. δ et r sont directement liés : plus le recouvrement possible est grand, plus les mots de code se ressemblent et moindre est la distance minimale. La formule générale est :
$$\delta = 2 \times (u - r).$$

Aussi surprenant que cela puisse paraître, le dénombrement des mots de code qu'un tel code peut offrir n'a pas encore été résolu dans le cas général. C'est-à-dire qu'à la question : « combien de mots de longueur n, de poids u et pouvant partager r 1 au maximum aux mêmes places existe-t-il ? », aucun mathématicien n'a encore pu répondre, sauf dans quelques cas particuliers, lorsque u est très petit devant n. Ramenée à un exemple concret de notre vie quotidienne, la question pourrait être celle-ci : dans une ville de n habitants, combien de groupes de u individus peut-on virtuellement former sachant que deux groupes, quels qu'ils soient, ne peuvent contenir plus de r mêmes personnes ? Avis aux amateurs éclairés, la médaille Fields attend peut-être le gagnant !

Le code économe

Le code le plus parcimonieux qui soit (si on exclut le cas dégénéré du code ne contenant que le seul mot « tout à zéro », qui ne peut transporter la moindre information) est le code de longueur n, à poids constant $u = 1$ et sans recouvrement ($r = 0$). Dans ce cas très particulier, le dénombrement est immédiat ; la taille du code est n : autant de mots que de places possibles pour l'unique 1. La quantité d'information binaire portée par la transmission d'un mot de code particulier parmi les n possibles est $log_2(n)$[4].

Du côté de la performance, ce code est loin d'être attrayant à titre individuel. Son taux de redondance est élevé : n bits requis pour en transporter $log_2(n)$ (1 024 pour 10, par exemple) et malgré cela, une misérable distance minimale égale à 2[5]. Le facteur de mérite qui s'en déduit est dérisoire[6], mais le meilleur reste à venir.

En supposant que l'émission d'un 1 requière une énergie unitaire et que celle des 0 soit gratuite – un tel procédé de modulation, nous l'avons déjà précisé, est dit par tout ou rien –, alors l'énergie dépensée en moyenne pour transmettre un bit d'information est

$$\frac{1}{log_2(n)}.$$ Pour des valeurs pratiques de n, de quelques centaines à

quelques milliers, cette énergie est très inférieure à celle d'un code plus classique dont les mots de code contiendraient en moyenne autant de 1 que de 0 et demanderaient donc une dépense de 1/2 par bit transmis, et encore plus par bit d'information[7]. Nous ne nous étendrons pas sur la preuve, mais il n'y a pas de code plus parcimonieux que ce code à poids constant $u = 1$ et $r = 0$, pour tout n et lorsque la modulation par tout ou rien est utilisée.

Maintenant, si l'on s'autorise à assimiler la présence d'un 1 à l'activité d'un neurone, dans une population donnée de taille n, et celle des $(n - 1)$ 0 à la mise au repos des autres, nous obtenons le code biologique parfait, économiquement parlant. Si le premier souci métabolique du cortex, tout au long de son « développement durable », a été sa consommation d'énergie, alors il ne pouvait pas faire de meilleur choix pour ses millions de codes locaux que ce code que nous appellerons désormais le *code économe*.

Certes, ce n'est pas celui qui offre le meilleur des pouvoirs de correction, loin de là, mais nous savons, depuis le chapitre 4, qu'il est possible de combiner des codes de faible performance pour obtenir des codes globalement très intéressants. En particulier, les codes LDPC sont bâtis autour de codes de parité locaux qui ont également une distance minimale égale à 2. Il suffirait donc, si l'intuition est bonne, d'associer un certain nombre de codes économes pour obtenir un code à la fois parcimonieux et robuste. L'évolution ne s'y est pas trompée en adoptant un tel codage distribué pour encoder l'information mentale. La façon dont les codes économes élémentaires sont liés pour former un code global puissant – le code mental – sera décrite dans le prochain chapitre.

Le critère de décodage du code économe, qui est un code non séparable car la redondance n'y est pas explicite, est malgré tout extrêmement simple. Quelle que soit la nature du bruit additif (bruit gaussien par exemple) ou multiplicatif positif (bruit de Rayleigh[8]), le décodeur passe en revue les symboles du mot reçu, en identifie la valeur maximale, lui assigne la valeur 1 et annule toutes les autres. C'est la règle du « gagnant-prend-tout » (en anglais : *winner-take-all*), très plausible biologiquement à une échelle locale pour des raisons évidentes de limitation d'énergie et donc de compétition. La figure 9.1 illustre ce principe de décodage.

Figure 9.1. Décodage du code économe. Le mot de code retenu est celui qui contient la valeur binaire 1 à la place où le symbole reçu a la plus grande amplitude.

Malgré l'attention exacerbée portée à l'économie énergétique, la construction du code mental, telle que nous l'avons menée jusqu'à ce point, n'a pas grand-chose à envier à ce qui a pu être imaginé ces vingt dernières années pour concevoir des systèmes de communications robustes et à faible complexité algorithmique, qu'il s'agisse des opérations de codage ou de décodage. Réciproquement, c'est un bon point pour la communauté de la théorie de l'information qui a œuvré pendant soixante ans pour finalement trouver ses meilleurs codes dans des structures distribuées, lesquelles se révèlent en définitive très naturelles.

Tout au long de ces lignes, c'est avec zèle que nous avons appliqué le principe du *rasoir d'Ockham*. Ce principe, qui doit son nom au philosophe anglais Guillaume d'Ockham (XIVe siècle) et aux nombreux scientifiques qui s'en sont inspirés, dit à peu près ceci : l'explication d'un phénomène ne doit requérir que le nombre d'hypothèses nécessaire et suffisant. C'est l'exact opposé du « pourquoi faire simple quand on peut faire compliqué ? », blague récurrente des chercheurs en mal d'inspiration. C'est aussi ce que veut dire Montesquieu, mais pour d'autres raisons, dans *De l'esprit des lois* (1748) : « Les lois inutiles affaiblissent les lois nécessaires. » La clique et le code économe, voilà donc ce qu'il reste du travail d'élagage qui nous a menés jusqu'à ce point dans les maquis des codes et des graphes. Ce sera mathématiquement suffisant pour étayer notre thèse connexionniste de l'information mentale.

Chapitre 10

LES CLIQUES NEURALES

Cliques dans une main, codes économes dans l'autre, nous voilà prêts pour confectionner un premier modèle de réseau cortical. Mais nous avons encore quelques petites questions à résoudre. Envisager de faire porter l'information mentale par de nombreuses petites cliques dans un vaste réseau de microcolonnes est bien séduisant, mais ne risque-t-on pas l'anarchie ? Des « cliques parasites », c'est-à-dire des cliques non apprises, ne peuvent-elles pas se former et se maintenir à partir des arêtes des « vraies cliques » issues de l'apprentissage ? À partir d'un certain taux de remplissage, ce phénomène deviendra inévitable et viendra embrouiller la mémoire, qui pourrait alors être le jouet d'illusions multiples. De plus, cet enchevêtrement mal contrôlé de cliques partageant des nœuds et des arêtes risque d'enlever tout discernement dans la sélection des informations. On connaît bien les limites des réseaux en matière de transitivité[1]. Par exemple, l'adage « les amis de mes amis sont mes amis » appliqué au réseau social Facebook donne une vision assez précise du chaos qui pourrait régner dans la mémoire biologique si elle ne disposait pas de moyens de contrôle sur le nombre et la nature des éléments de connaissance qu'elle doit associer tout en restant discriminante.

La parade est immédiate si l'on suppose que le sommet d'une clique neurale est représentatif d'une mesure, par exemple l'intensité d'une couleur, la grandeur d'un objet, son orientation dans l'espace, la température, c'est-à-dire quoi que ce soit qui puisse spécifier une des composantes d'un souvenir précis. Si une canne est verticale, elle n'est pas penchée à droite de 10°. Si la température de la pièce est 20 °C, elle n'est ni de 15 ni de 25 °C. Pour un caractère donné (couleur, température, etc.), une mesure est exclusive de toutes les autres. Le code économe se prête parfaitement à ce travail d'échantillonnage, le seul 1 du mot de code positionnant finement la valeur du caractère parmi toutes celles possibles.

Les infons

Posons maintenant, à la manière des ontologues[2], qu'un « morceau d'information » est formé par le couplage d'un certain nombre de caractères quantifiés. Ce morceau d'information, pour faire court et même très court, nous l'appellerons dorénavant *infon*, néologisme dont l'invention est revendiquée par un chercheur de l'Université de Stanford, Keith Devlin[3] et qui a été popularisé par le spécialiste de l'intelligence artificielle Ben Goertzel dans son ouvrage *Chaotic Logic*[4]. La définition que Devlin donne du terme infon nous convient parfaitement pour désigner cette sorte de *molécule d'information,* cet assemblage de caractères que nous proposons de matérialiser sous la forme d'une clique dont les sommets portent des mesures d'intensité, à la fois individuellement exprimées et intimement agrégées. La taille de l'infon est très variable dans le réseau neural, probablement de plusieurs dizaines ou centaines de sommets, selon la complexité de la situation ou du message qu'il fixe dans la mémoire. Cet infon peut être aussi comparé à ce que Jean-Pierre Changeux, l'un des premiers promoteurs de la théorie de l'activité neurale par populations, appelle un *percept primaire*[5] ou encore au *métapheur* de Julian Jaynes, objet mental concret sur lequel la raison construit ses métaphores d'ordre supérieur[6].

Pour une présentation commode des réseaux de grappes et de cliques, supposons que toutes les cliques ont le même ordre, c'est-à-dire le même nombre de sommets c, et que l'intensité de chaque caractère peut être évaluée sur l niveaux. Dans le cortex cérébral, la valeur de l est très variable selon la précision requise dans la mesure du caractère, sans doute nettement plus élevée pour quantifier la luminosité d'une couleur que pour attribuer une intensité au goût du salé. Mais ici, nous faisons simple : toutes les grappes ont le même cardinal l. Le nombre total de nœuds du graphe multiparti est donc $n = c \times l$. La figure 10.1 décrit un tel dispositif pour $c = 4$ et $l = 16$. Chaque grappe de nœuds (cercles pleins ou vides et carrés pleins ou vides) représente un caractère, un éventail de mesures ou attributs exclusifs les uns des autres. Pour réaliser l'apprentissage d'un infon, les attributs de tous les caractères sont identifiés par autant de nœuds du graphe – un par grappe – puis reliés les uns aux autres pour former une clique spécifique. Puisqu'il ne peut y avoir qu'un seul attribut dans chaque classe, les cliques ont toutes le même ordre c, soit quatre dans l'exemple de la figure 10.1. Les connexions ainsi établies ne sont pas pondérées. Le réseau est purement binaire : une connexion existe, ou pas. Il peut arriver qu'elle appartienne à plusieurs cliques ; une plus grande importance ne lui est pas accordée pour autant. Le seul nœud d'une grappe

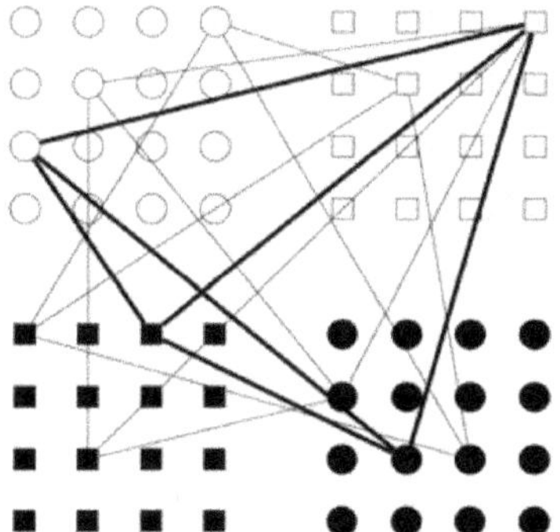

Figure 10.1. Principe d'apprentissage parcimonieux de messages sur un exemple de quatre grappes de seize fanaux chacune. Chaque attribut du message à apprendre est associé à un unique fanal par grappe. Les fanaux recrutés sont ensuite entièrement interconnectés pour former une clique. Ici, trois d'entre elles sont représentées.

recruté pour contribuer à la formation d'une clique est de façon imagée appelé *fanal*, seule lumière visible dans la pénombre de son voisinage immédiat. Nous avons également introduit ce terme pour bien signifier qu'un nœud du graphe n'est en vérité pas un seul neurone mais un groupe de neurones qui a été identifié à la microcolonne dans le chapitre 6. Nous aurions pu aussi l'appeler, mais avec beaucoup moins de poésie, un « supraneurone ». Les grappes contenant les l microcolonnes sont, quant à elles, à comparer aux colonnes corticales.

Un tel réseau est bien différent de celui que l'on obtiendrait par la méthode de Hopfield, d'abord parce que les connexions y sont binaires, mais aussi parce que le graphe n'est pas complet : d'une part, aucune connexion n'existe à l'intérieur d'une même grappe et d'autre part, les liaisons intergrappes qui n'ont jamais été sollicitées pour la formation d'une clique ne se sont pas créées. Ce dernier point nous amène à introduire un nouveau paramètre : la densité d qui se définit comme le rapport entre le nombre de connexions inter-grappes concrétisées dans le réseau et le nombre total de connexions possibles[7]. La densité croît, bien évidemment, avec l'apprentissage de nouveaux infons et peut conduire à un surapprentissage lorsqu'elle se rapproche trop de la valeur 1. À l'extrême limite, pour une densité égale à 1, c'est-à-dire lorsque toutes les connexions potentielles ont été utilisées, tout se passe comme si le réseau avait appris toutes les configurations. Il ne peut donc plus tenir le rôle de mémoire asso-ciative discriminante, puisque tout est associé à tout.

Au carré, enfin !

En supposant que les cliques sont générées aléatoirement et uniformément sur tous les attributs possibles, la densité peut être estimée assez précisément en utilisant le raisonnement qui suit. La probabilité qu'une clique utilise une connexion particulière est la probabilité que l'infon correspondant associe les deux attributs qui sont raccordés par cette connexion. Puisqu'il y a exactement $l \times l = l^2$ couples d'attributs possibles entre deux grappes ou caractères, cette probabilité est $\frac{1}{l^2}$. La probabilité que cette connexion soit utilisée après la formation de M cliques est $\frac{M}{l^2}$, si M reste inférieur à l^2[8]. En assimilant cette probabilité à la densité du réseau, on a immédiatement $d \approx \frac{M}{l^2}$, formule qui peut s'inverser sous la forme :

$$M \approx dl^2 \tag{10.1}$$

La voici donc, cette fameuse loi quadratique annoncée dans le chapitre 8 ! Pour une densité intergrappes d fixée, le nombre d'infons susceptibles d'être mémorisés dans le réseau régulier qui nous a servi de modèle est proportionnel au carré du nombre de fanaux disponibles dans chaque grappe. Certes, ce n'est pas encore n, le nombre total de fanaux, qui apparaît dans cette loi, mais plus modestement l. Cette limitation n'est que provisoire comme l'expliquera le chapitre 12.

La remémoration d'un infon à partir d'une fraction de son contenu s'inspire très largement du décodage des codes redondants distribués dont il a été question au chapitre 4. Car nous avons bien affaire ici à un schéma où de petits codes, des codes économes en l'occurrence, sont interconnectés à l'aide d'un code global dont les éléments sont des cliques. C'est un assemblage à la fois série et parallèle, mixte donc, qu'il n'est pas immédiat de comparer à un turbocode ou à un code LDPC car la redondance n'y apparaît pas de manière explicite. Ce code distribué complètement nouveau vient grossir la panoplie des codes modernes, mais il est probablement – c'est notre intuition – très ancien dans l'anatomie cérébrale de certains êtres vivants.

Dans un premier temps, le réseau active les fanaux qu'il peut identifier à partir de ce qui lui est connu[9]. Puis le traitement s'articule en deux phases : d'abord un décodage global par passage de messages à travers le réseau, ensuite un décodage local de chacun des c codes économes. Ces opérations peuvent avantageusement être répétées à la façon d'un décodage itératif lorsque les données initiales sont très partielles et/ou altérées. Détaillons un peu.

À l'échelle globale donc, certains fanaux signalent leur activité au reste du réseau. Tout comme le neurone biologique, un fanal ne peut personnaliser son propos : il ne sait pas à qui son message va parvenir. Le signal doit donc être « universel » et compris de tous. Dans le cerveau, ce sont les potentiels d'action, à peu près tous de même forme et de même durée, qui se font les interprètes de l'activité neuronale. Seule la fréquence des impulsions peut varier d'un signal à l'autre pour en moduler l'énergie et la force d'expression. Dans nos modèles informationnels et en première approche, seuls deux états sont considérés : 0 pour le silence et 1 pour le flot d'impulsions, de quelque énergie qu'il soit. Si les fanaux qui s'expriment sont les sommets d'un infon préalablement formé, les autres sommets de la clique correspondante vont recevoir plusieurs « appels » simultanés, nettement plus nombreux que ceux que reçoivent les fanaux n'appartenant pas au motif recherché. S'il arrive que plusieurs fanaux d'une même grappe soient sollicités, la règle du « gagnant-prend-tout » éliminera les importuns. Les fanaux éligibles vont à leur tour prendre l'état 1 puis envoyer, tous azimuts et à travers les connexions présentes, de multiples signaux issus de leur activité, que récupéreront nécessairement les fanaux initiateurs du processus. Après quelques allers et retours, tous les sommets de la clique sont arrivés au consensus : ils appartiennent à une même communauté, un même infon et tous les autres fanaux se sont éteints. Pour nos lecteurs soucieux de rigueur mathématique, une note de fin détaille les opérations de l'algorithme[10].

Un seuil d'activation σ, tel qu'il a été introduit par la relation (6.1) du chapitre 6, peut venir compléter le modèle proposé pour la restitution des infons. Ce seuil fixant la sensibilité des grappes à l'activation de ses fanaux, une valeur élevée, par exemple, empêchera le réseau de restituer un infon même si plusieurs de ses caractères ont été préalablement bien ciblés. σ est un paramètre de contrôle qui agit non pas sur l'information elle-même mais sur sa pertinence, dans un processus mental qui doit faire des choix sur la nature de ses informations.

La figure 10.2 illustre le processus d'apprentissage et de remémoration sur l'exemple du mot « brain ». Dans ce réseau, chaque grappe contient l'alphabet latin et un fanal y désigne une lettre particulière. L'apprentissage de l'infon-mot « brain » s'est matérialisé par la clique reliant les lettres « b », « r », « a », « i » et « n » dans les grappes 1 à 5, respectivement. Si l'on présente au réseau le mot « **ain » où un astérisque continue de désigner un caractère inconnu, le processus de décodage permettra de retrouver les lettres manquantes en s'appuyant sur les dix connexions de la clique. Toutefois, si le réseau a également appris les mots « grade » et « gamin », toutes les connexions entre les fanaux associés au mot « grain » seront également présentes, exactement comme si ce mot avait été volontairement appris. C'est un exemple typique

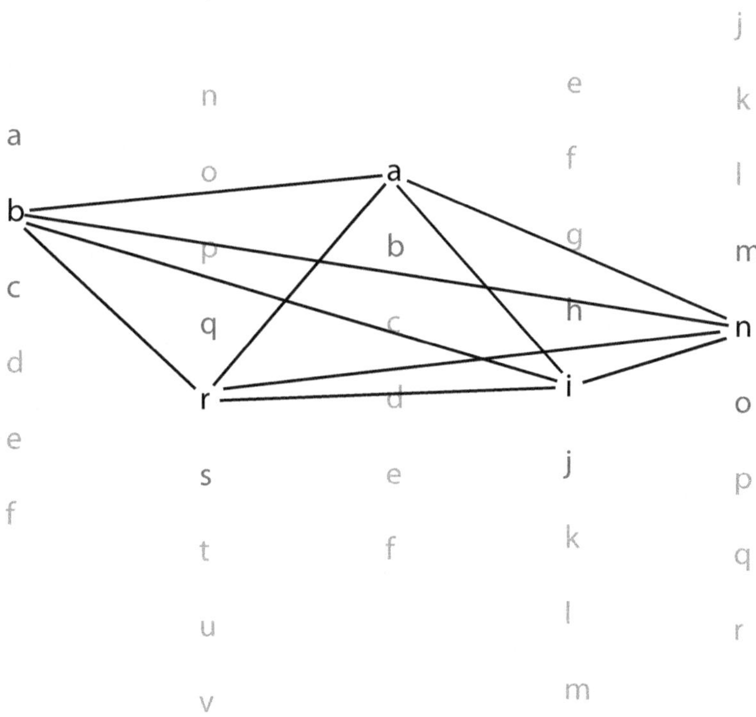

Figure 10.2. Apprentissage du mot « brain » sur un réseau contenant cinq grappes, une par lettre de l'infon-mot. Chaque grappe contient autant de fanaux qu'il y a de lettres dans l'alphabet latin.

de clique parasite, dont on conçoit aisément que la probabilité d'existence diminue quand le nombre de sommets de la clique augmente.

Deux cliques in vivo

Jean-Pierre Changeux, déjà cité, regrettait que le travail concomitant de groupes de neurones ne pût pas être aisément corroboré par les moyens de l'époque : « Le postulat d'"assemblées" ou d'ensembles coopératifs de neurones fait d'emblée sauter d'un niveau d'organisation à un autre : du neurone individuel à la population de neurones [...]. Les états d'activité corrélés qui composent un graphe d'objet mental n'ont, pour l'instant, jamais été mesurés. Seuls des états d'activité de *régions* du cortex cérébral, et plus généralement de l'encéphale, ont été observés avec la caméra à positrons chez l'homme. L'espoir est grand que cette technique, ou d'autres à venir, permette de suivre les objets mentaux eux-mêmes en dépit de leur fugacité et de leur topologie distribuée[11]. »

Depuis lors, quelques progrès ont été obtenus dans la résolution de l'imagerie cérébrale. Ainsi, dans un article récent[12], des neurobiologistes de l'Université Harvard racontent une expérience de très haute volée technologique menée *in vivo* dans le cortex visuel de quelques cobayes (rats et souris). Sans entrer dans les détails du protocole de cette expérience – nous en serions bien incapables –, il est possible de la résumer de la manière suivante. Dans un premier temps, une électrode très fine est introduite dans le tissu cortical et vient prendre contact avec le corps d'un neurone unique (c'est déjà une prouesse en soi !). Cette électrode est capable d'injecter un courant de quelques microampères dans la cellule et de la forcer à s'activer. Par ailleurs, un dispositif d'imagerie par fluorescence, à base de calcium biphotonique, donne la possibilité aux chercheurs d'observer les effets de l'activation du neurone dans un voisinage planaire de quelques centaines de microns de rayon. Une fluorescence accrue en quelques points de l'image indique que certains neurones subissent l'influence de celui qui reçoit le courant et s'activent à leur tour, plus ou moins intensément. Le motif ainsi formé et observé est très épars et reproductible.

Puis l'électrode est déplacée d'environ trente microns pour exciter un autre neurone. Le motif des cellules qui répondent à cette nouvelle excitation reste très clairsemé mais il est très différent de celui qui avait été obtenu dans la première expérience. Ainsi ces deux neurones, excités tour à tour, semblent appartenir à des infons indépendants alors que leur forte relation de voisinage aurait pu laisser penser qu'ils jouaient à peu près le même rôle physiologique.

L'interprétation des résultats de la manipulation rapportés par les chercheurs de Harvard, à la lumière de la théorie des réseaux de cliques, est immédiate. Les deux neurones excités l'un après l'autre appartiennent à deux microcolonnes voisines et correspondent à deux fanaux d'une même grappe ou colonne. Ces fanaux expriment deux mesures différentes d'un même caractère (un angle, par exemple, puisqu'il s'agit du cortex visuel), lesquelles, combinées à d'autres caractères exprimés dans autant de grappes différentes, ont formé dans le cortex du cobaye deux cliques représentatives de deux motifs visuels qui lui sont devenus familiers. La figure 10.3 représente ces deux cliques neurales concurrentes pour $c = 6$ et $l = 64$.

On peut regretter que, dans cette expérience, les chercheurs n'aient pas eu la possibilité matérielle de tester la réciprocité. Si l'excitation d'un troisième neurone appartenant au premier motif, différent du premier neurone activé, ou un autre neurone du second motif, avait fait apparaître à peu près les mêmes constellations, alors nos hypothèses de cliques et d'infons géométriques auraient été confortées. Partie remise !

Bien sûr, le modèle que nous proposons pour matérialiser un infon suppose que les connexions entre fanaux sont bidirectionnelles. Quoique de telles liaisons existent dans l'encéphale – elles sont appelées synapses électriques ou jonctions communicantes –, elles sont bien trop minoritaires pour qu'on en fasse la norme de la communication neurale. Nous n'en avons pas besoin en réalité. La clique peut être sans dommage transformée en tournoi (voir chapitre 5). Pour obtenir la même aptitude à l'apprentissage, il suffit simplement de doubler le nombre de sommets ; par exemple, là où

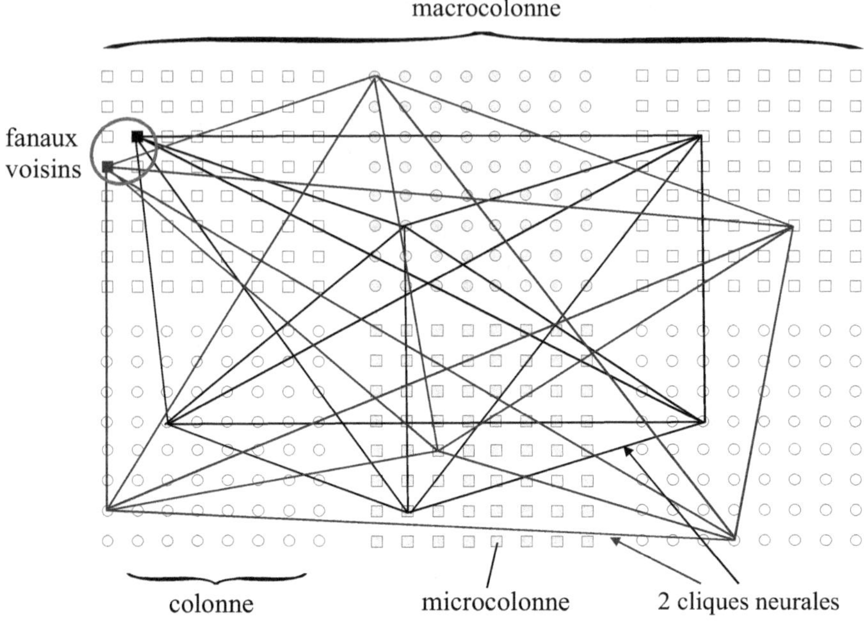

Figure 10.3. Chaque microcolonne représente un fanal d'une grappe ou colonne. Le couplage par cliques de plusieurs fanaux a gravé deux infons dans la même macrocolonne, ici formée de six colonnes.

on avait quatre grappes, il en faut maintenant huit si les liaisons ne sont plus bidirectionnelles. En effet, le degré entrant du sommet d'un tournoi d'ordre c est statistiquement $\dfrac{c-1}{2}$, c'est-à-dire la moitié du degré entrant d'une clique à c sommets. Observant que c'est son degré entrant – ainsi que son degré sortant d'ailleurs – qui permettra à un sommet d'être conforté dans son appartenance à un tournoi particulier, raisonner sur une clique à c sommets ou sur un tournoi à $2c$ sommets (ou un peu plus par précaution, car le degré entrant $\dfrac{c-1}{2}$ n'est qu'une moyenne statistique) revient à peu près au même. Jusqu'au chapitre 13, nous continuerons de nous appuyer sur le modèle de la clique.

Chapitre 11

QUELQUES CHIFFRES

Au-delà d'une certaine plausibilité biologique qu'il reste à étayer par de très sérieuses expérimentations, que nous apporte le modèle fondamental de la clique à un seul sommet par grappe, en termes comptables de diversité de stockage ? Une première question se pose : la contrainte du code économe local – pas plus d'un nœud actif par grappe – ne réduit-elle pas considérablement le nombre possible de motifs par rapport au réseau non compartimenté ? Prenons un exemple parlant : un ensemble de huit petits villages dont le nombre d'habitants est le même, disons 256 car nous aimons bien les puissances de 2. Combien de groupes différents de huit personnes peut-on former dans cette population totale de 2 048 habitants, sans tenir compte des lieux de résidence ? La réponse est environ 10^{22} (dix mille milliards de milliards, c'est considérable !). Si chaque groupe ne doit plus contenir qu'un seul représentant par village pour former une clique à notre façon, le nombre de combinaisons possibles se réduit à 10^{19}. La diminution est mathématiquement non négligeable, mais étant donné les ordres de grandeur, cela n'a réellement aucune importance. Entre « considérablement » et « énormément », il n'y a pas la place pour une polémique.

Mais ces chiffres faramineux n'ont en vérité pas de sens car ce qui importe avant tout dans l'aptitude mnésique d'un réseau de cliques, c'est la densité d qui doit rester petite devant 1, pour que soit évité le surapprentissage. En prenant $d = 0,2$ avec $l = 256$ par exemple, la relation (10.1) limite le nombre de cliques à 13 000, très loin des valeurs vertigineuses qui précèdent. En termes de diversité d'apprentissage, le véritable indicateur des ressources de toute mémoire connexionniste est effectivement le nombre d'arêtes disponibles et non la quantité de motifs qu'on peut y accumuler, indépendamment de la densité. Fort heureusement, la multipartition d'un réseau a peu d'incidence sur sa taille, la réduction du nombre d'arêtes potentielles n'étant par exemple que de 13,5 % quand on passe de $c = 1$ à $c = 8$ avec le même nombre total de nœuds[1]. Ainsi, la structuration du graphe en grappes gouvernées par des lois de codage économe n'enlève pas grand-chose au volume des données qu'on peut y stocker. Ce serait une très bonne nouvelle pour les colonnes et les macrocolonnes corticales, si elles ne le savaient déjà et depuis fort longtemps.

Continuons avec les chiffres et imaginons, pour changer un peu, une application informatique dans laquelle le serveur d'un site internet doit gérer un accès sécurisé. L'opération consiste à vérifier que l'association entre l'identifiant et le mot de passe reçus existe bel et bien dans la base des utilisateurs. Supposons pour faire très simple que les deux codes confidentiels sont constitués chacun de quatre caractères pouvant tous prendre 256 valeurs différentes[2]. Selon le modèle de grappes, le choix de paramètres le plus naturel est $c = 8$ grappes et $l = 256$ fanaux. L'apprentissage d'une association identifiant-mot de passe revient donc à inscrire dans le réseau une clique dont les sommets sont les huit fanaux représentant les huit caractères du couple. Cet apprentissage accorde une importance égale à tous les caractères, indépendamment de leurs positions dans l'un ou l'autre des codes confidentiels.

Après avoir reçu l'identifiant et le mot de passe, le réseau-décodeur exécute les opérations décrites dans le chapitre précédent. Chaque fanal activé, de valeur 1, envoie vers les autres grappes, le long des connexions qui ont été établies, un signal de même amplitude unitaire. Puis un bilan est effectué dans chaque grappe pour ne retenir que le fanal dont le score est le plus élevé. Les couples appris seront toujours reconnus et validés au bout de cette première itération, c'est-à-dire que les bons fanaux auront déjà tous le score maximum dans leurs grappes respectives, et ne seront plus remis en cause.

Mais il se peut aussi qu'une association non apprise soit acceptée, ce qui s'appelle, dans le sabir des applications de classification ou de test, un *faux positif*. Si le seuil d'activation σ de chacun des fanaux est fixé à sa valeur maximale[3], la probabilité d'apparition de faux positifs n'est liée qu'à l'existence de « fausses vraies cliques », inscrites dans le réseau par les effets de bord des cliques valides et d'autant plus nombreuses que la densité est élevée. C'était, dans l'exemple du chapitre précédent, l'apparition inopinée de « grain » dans les entrelacs de « brain », « grade » et « gamin ».

Sous réserve que la densité du réseau soit à peu près uniforme, il est plutôt simple d'estimer l'éventualité qu'une association de sommets tirée au hasard forme une clique et puisse donc être à l'origine d'un faux positif : c'est la probabilité que toutes les connexions de la clique correspondante existent. Une clique de 8 sommets ayant 28 connexions, cette probabilité d'erreur est exactement $P_e = d^{28}$. Si l'on se fixe, par exemple, une probabilité maximale de validation d'un code confidentiel inexact égale à 10^{-5}, la densité ne doit pas dépasser $d_{\max} = 0,66$. Selon la formule (10.1), le nombre de couples identifiant-mot de passe que ce réseau est capable d'apprendre, tout en limitant le risque d'admettre un faux positif à 10^{-5}, est $M_{\max} \approx 70\ 000$. Rappelons que le réseau ne comporte que 2 048 fanaux !

Une efficacité
au-delà du raisonnable ?

La quantité d'informations binaires apprises par le réseau pour pouvoir authentifier les $M_{\max}$ utilisateurs est $8 \times log_2(256) \times M_{\max} \approx 4,5$ millions de bits car chaque fanal porte $log_2(256) = 8$ bits d'information. Par ailleurs, le réseau tout entier est spécifié par 1,8 million de connexions présentes ou non[4], soit autant de valeurs binaires. Surprise de chez surprise, le bonheur du chercheur : une bizarrerie ! Le réseau serait donc capable de stocker environ 2,5 fois plus d'informations binaires que sa propre ressource ! Si l'on se réfère au chapitre 7 qui indique qu'un réseau de Hopfield ne fonctionne qu'avec des efficacités η de quelques pour cents, ce que nous obtenons ici nous transporte sur une autre planète : 250 % d'occupation du matériel disponible ! D'abord, comment est-il possible de dépasser 100 % d'efficacité ?

La réponse est double. En premier lieu, il faut revenir vers l'une des formules qui précèdent : $P_e = d^{28}$, laquelle nous a permis, à partir d'une tolérance d'erreur donnée ($P_e = 10^{-5}$), d'en déduire une densité ($d = 0,66$). Si une probabilité d'erreur plus faible est recherchée, la densité doit être réduite. Par exemple, $P_e = 10^{-10}$ implique $d = 0,44$ et le nombre de messages possibles tombe à 29 000. L'efficacité de la mémoire, en termes d'utilisation des ressources, est donc antagoniste de son efficacité dans la remémoration : plus on apprend, plus on doute, n'est-ce pas ? Cela dit, de quelle probabilité d'erreur dans le rappel ou la validation d'un infon une intelligence humaine moyenne s'accommode-t-elle ? Certainement pas 10^{-10}, ni même 10^{-5}. Une valeur comprise entre 10^{-2} et 10^{-3} semble plus plausible. *Errare humanum est...* pour une meilleure efficacité matérielle !

En second lieu, toujours pour expliquer l'« efficacité déraisonnable » du réseau de cliques neurales, un point de la théorie de l'information, peu connu, doit être introduit. Une mémoire à l'intérieur de laquelle des messages sont rangés dans un classement indifférent – c'est ici le cas car peu importe de savoir si tel code confidentiel a été acquis avant ou après tel autre – n'a pas les mêmes propriétés qu'une mémoire classique accessible par une adresse et donc ordonnée. L'ordre est une information en soi et s'en dispenser permet de réduire la ressource nécessaire : il est par conséquent moins coûteux d'apprendre M messages indépendants de k bits qu'un seul de longueur $M \times k^5$. Cette caractéristique des mémoires associatives n'est pas enseignée dans les écoles mais elle est très connue du cortex cérébral, lequel est incapable de se rappeler s'il a appris le mot « maison » avant « voiture », le goût de la fraise avant celui du chocolat ou inversement. Quoi qu'il en soit, même si le résultat que nous venons de présenter sur un exemple rudimentaire de huit grappes de 256 fanaux ne peut constituer une preuve décisive et généralisable à n'importe quelle taille de réseau, il n'en est pas moins très inspirant. Il montre en effet – et enfin – qu'une construction mathématique neuro-inspirée (disons *neuromathématique* pour le plaisir d'un nouveau néologisme) et donc contrainte par des lois de forte parcimonie peut malgré tout être idéalement efficiente.

Le serveur informatique qui gère les codes confidentiels à huit caractères doit également être capable de retrouver le mot de passe si un utilisateur l'a oublié et souhaite se le voir délivrer, par courrier électronique par exemple. C'est une application plus exigeante que l'authentification car, contrairement à la situation précédente où toutes les grappes contenaient de l'information, exacte ou non, au début du décodage, le réseau se retrouve maintenant dans une configuration de mémoire associative, la moitié des grappes ne possédant aucune information. Il convient alors de réduire la valeur du seuil d'activation σ, car les informations disponibles sont moins nombreuses. Il est également souhaitable que le décodeur puisse effectuer plusieurs itérations afin de répartir au mieux l'information disponible sur les huit sommets de la clique, les informations glanées par une grappe pouvant être exploitées par d'autres de manière progressivement constructive.

Les performances du réseau sont encore remarquables[6] : 15 000 associations peuvent être apprises dans les connexions entre les 2 048 fanaux et retrouvées parfaitement à partir de la moitié du contenu, dans plus de 98 % des cas. On peut imaginer ce que la loi quadratique qui caractérise la diversité d'apprentissage de ce type de structure ouvre comme perspectives quand les fanaux se comptent en centaines de millions. Par exemple, si le serveur devait stocker autant de codes confidentiels que d'hommes sur Terre, 10^{10} en arrondissant, et si ces codes devaient être écrits avec deux fois 16 caractères, ce qui est plus réaliste que deux fois 4, seize grappes de 300 000 fanaux suffiraient[7]. En termes de microcolonnes corticales, cela représenterait environ cinq millièmes de la ressource cognitive du cortex humain, cela étant dit juste pour se faire une idée car ce n'est pas vraiment, et heureusement, la spécialité de notre encéphale.

Chapitre 12

DES CLIQUES, MAIS ENCORE...

Le modèle mathématique auquel nous sommes arrivés à ce point de nos spéculations est rudimentaire et se heurte à la première des nombreuses objections du neuropsychologue : toutes les zones du cerveau ne sont pas sollicitées, à un moment donné, pour répondre à un stimulus externe ou résoudre un problème purement mental. La mémoire n'est pas uniformément activée ; écouter la symphonie du *Nouveau Monde* de Dvořák, détailler *La Pêche au thon* de Dalí ou lire *La Légende des siècles* de Hugo, cela ne mobilise pas tout à fait les mêmes grappes, si ce n'est peut-être celle qui mesure le degré du génie.

Nul ne peut dire aujourd'hui combien de colonnes corticales, à l'intérieur d'une même aire spécialisée du néocortex, peuvent être concernées par la mise en mémoire ou le rappel d'un infon particulier. Que le nombre de sommets de la clique se compte en dizaines, centaines ou milliers, cela reste cependant très inférieur au nombre de colonnes disponibles, qui sont des millions. Cette remarque trouve une correspondance avec la limitation imposée par la relation (10.1) : la diversité d'apprentissage des réseaux de cliques dont toutes les grappes sont utilisées pour composer les infons dépend seulement de leur cardinal l et non de leur nombre c. Cela signifierait-il par exemple qu'un million de colonnes ne sauraient pas plus apprendre qu'une petite dizaine ? Pour lever cette condition inacceptable et apporter une réponse satisfaisante au psychologue ainsi qu'à nos lecteurs, nous devons nous éloigner un peu de la définition stricte de la mémoire associative, celle d'une mémoire qui renvoie le message complet à partir d'une fraction de son contenu, *indépendamment de toute signification*, c'est-à-dire selon la théorie classique de l'information.

Nous avons expliqué dans le chapitre précédent qu'une certaine quantité d'information est requise pour que soit précisé l'ordre chronologique dans lequel des éléments sont rangés dans une mémoire, ce dont, disions-nous, le néocortex ne se préoccupait pas vis-à-vis de ses infons. Ceux-ci bénéficient en revanche d'un autre type d'information, de nature spatiale car les colonnes sont localisées, spécialisées et non interchangeables. Dans les aires visuelle, auditive, sensitive, motrice, chacune de ces colonnes tient un rôle qui lui appartient en propre, déterminé par le programme strict de la neurogenèse, lui-même commandé par l'information génétique qui transmet de génération en génération le plan de la maison corticale[1]. Et à l'intérieur de ces colonnes, les microcolonnes ou fanaux, attributs de caractères spécifiques, attendent de s'activer pour contribuer à former ou remémorer un infon particulier, parmi des milliards d'autres.

Lors de l'apprentissage, la topologie et l'ordre (le nombre de sommets) de l'infon sont donc fixés par les places imposées des colonnes qui expriment les caractères requis : angle, couleur, température, plaisir, etc. Il y a des infons de toutes envergures, les plus petits inscrits dans une même macrocolonne (et aussi sans doute les plus résilients car leurs connexions sont courtes), d'autres qui recouvrent plusieurs macrocolonnes dans une même aire, et les plus grands qui s'étalent sur toute la surface du néocortex, en particulier dans le lobe frontal et ses aires d'association. Toutes ces cliques se chevauchent par un ou plusieurs sommets, ce qui confère au réseau une propriété d'*influence* remarquable : le rappel d'un infon ne se fait pas sans conséquence sur ceux avec qui il partage des caractères, lesquels peuvent orienter le processus mental vers de nouvelles associations, habituelles ou inédites selon les humeurs des colonnes concernées. Par humeur, nous entendons le niveau de sensibilité contrôlé par la valeur du seuil σ dans la relation (6.1). Si cette valeur est élevée pour tous les neurones d'une colonne, alors celle-ci n'est pas concernée par le travail mental en cours. Les cliques peuvent donc être considérées comme les éléments non disjoints d'un espace discrétisé dans lequel une propagation d'activité par influence contrôlée peut se produire, à la façon d'une onde mécanique qui se propage selon un parcours très particulier dans un milieu constitué de zones élastiques (actives) ou visqueuses (passives).

Infons à géométrie variable

Grâce à la spécialisation des colonnes corticales, un vaste ensemble de C grappes peut donc mémoriser des infons d'ordre c petit devant C et très variables à la condition que les c grappes soient à chaque fois présélectionnées avant la formation des cliques correspondantes. La sélection est systématique pour les grappes qui reçoivent des signaux physiologiques, chacune d'entre elles ayant un emploi très spécifique. Elle peut être plus flexible, voire opportuniste pour les grappes qui expriment des valeurs sémantiques. L'information portée par une clique est donc à double niveau : d'une part, la nature de l'infon à travers le choix des grappes qui lui servent de support, et d'autre part, à l'intérieur de ces grappes, les valeurs des fanaux qui quantifient les caractères exprimés.

La remémoration peut s'effectuer à partir de la connaissance de quelques-unes de ces grappes et de leurs fanaux respectifs. La reconstruction de motifs partiellement connus, voire déformés, est toujours possible car la clique, quel que soit le nombre de grappes utilisées, conserve ses propriétés de correction d'erreurs. Nous avons simulé sur ordinateur une macrocolonne de $C = 100$ colonnes (grappes) de $l = 100$ microcolonnes (fanaux) chacune. Après lui avoir fait apprendre 100 000 messages aléatoires sous la forme de cliques d'ordres c uniformément répartis entre 16 et 24, nous avons présenté à ce réseau une succession de messages appris mais amputés de 6 sommets à chaque fois. L'algorithme de décodage décrit dans le chapitre 10 pour des cliques de taille uniforme ne suffit plus et doit être complété par une procédure de sélection de grappes : après avoir repéré les fanaux les plus actifs dans l'ensemble du réseau, seules les grappes les plus sollicitées – celles qui contiennent au moins un fanal parmi les plus actifs – sont conservées dans le processus de remémoration. En d'autres termes, la règle du « gagnant-prend-tout », appliquée dans chaque grappe pour élire un fanal, sert également à la sélection des grappes concernées. Dans la restitution simulée des messages, selon ce principe, le réseau ne s'est trompé qu'une fois sur cent environ.

Le nombre de messages que de tels réseaux peuvent mémoriser est proportionnel au carré du nombre total de fanaux, sous réserve que l'ordre c des cliques reste assez petit devant le nombre total C de grappes. Cette dernière condition n'est pas contradictoire avec ce que nous croyons savoir de la diversité intellectuelle du cerveau humain, bien au contraire. Considérons par exemple une mémoire associative, de quelque nature qu'elle soit, capable de mémoriser dix mille valeurs binaires. Si le critère principal est la variété des combinaisons envisageables, est-il préférable d'y fixer dix messages de 1 000 bits ou bien mille messages de 10 bits ? Non seulement la ressource nécessaire au stockage est moindre dans le second cas (voir le commentaire du chapitre précédent sur les messages non ordonnés), mais aussi le nombre d'associations possibles entre les messages mémorisés diffère complètement : 10^{300} au lieu de 10^3, environ. Encore et toujours, *small is beautiful* !

En extrapolant le résultat de la simulation décrite plus haut, obtenu avec cent grappes de cent fanaux, à dix millions de grappes de cent fanaux (soit l'équivalent de la ressource néocorticale selon les quantités typiques que nous avons posées à la fin du chapitre 6), le nombre de messages assimilables serait de l'ordre du million de milliards et l'efficacité η du réseau, telle que définie dans le chapitre 7, serait supérieure à 50 %. Ces chiffres ne sont pas tirés d'un chapeau de magicien mais découlent d'un modèle mathématique dont nous sommes encore loin d'avoir fait le tour des potentialités.

Messages flous

Nous nous sommes aussi intéressés, puisque le neuropsychologue n'a pas manqué de continuer à nous soumettre à la dictature des faits et de nous rappeler qu'« une accumulation de faits n'est pas plus une science qu'un tas de pierres n'est une maison[2] », à la question des *messages flous*. Selon la théorie développée dans cet essai, le cortex inscrit sa représentation du monde dans un écheveau de cliques dont l'organisation cohérente ne peut être, en l'état actuel de la technologie, mise en évidence, et ne le sera probablement pas avant longtemps. Le modèle mathématique en est pourtant simple : chaque morceau d'information – un infon – est *cristallisé* sous la forme d'un motif géométrique à forte corrélation d'assemblage par un petit groupe de microcolonnes. Ces motifs – les cliques – se partagent des sommets, chacun d'entre eux étant représentatif d'un attribut précis dans la perception d'un caractère dont la nature peut être physique (intensité d'une couleur, fréquence d'un son, température, etc.), physiologique (plaisir, dégoût, douleur, etc.) ou psychique (date, nom, nombre, etc.). Un message flou, c'est un ensemble de stimuli qui ne sont pas exactement les attributs ou les caractères d'un message appris, qui peuvent être également en partie effacés, mais dont la réunion peut permettre au décodeur cortical de remémorer un infon précis et solidement ancré dans le réseau. Par exemple : *lse clqiues nerulaes*[3].

Afin de mettre à l'épreuve le modèle de réseaux de cliques face aux approximations d'un message incident, nous avons repris le cas de figure dont la performance a été détaillée dans le chapitre précédent, soit huit grappes de 256 fanaux chacune. 15 000 messages tirés au hasard sont encore appris, puis ceux-ci sont présentés au réseau, les uns après les autres, après un certain floutage. Celui-ci consiste à modifier chacun des sommets de la clique par décalage dans un voisinage restreint. Plus précisément, les fanaux étant numérotés de 0 à 255, ceux d'un message appris sont déplacés aléatoirement et uniformément d'une valeur –2, –1, 0, +1 ou +2 (le décalage s'effectuant modulo 256 pour éviter les effets de bord). C'est une expérience très simple, représentative d'une situation qui nous suggère des choses plus ou moins valides et que la loi de codage, c'est-à-dire la contrainte de clique et de codes économes, doit permettre de retrouver exactement. Dans *lse clqiues nerulaes*, la place de certaines lettres a été un peu changée, ce qui n'est pas un obstacle au déchiffrage. Pour être en mesure d'effectuer le travail de nettoyage, le réseau doit adapter ses critères de décodage et relâcher un peu la rigueur de la règle du « gagnant-prend-tout ». Lorsqu'un fanal est excité par le signal incident, les voisins doivent également l'être jusqu'à une certaine distance ordinale (2 dans l'exemple choisi, ou des valeurs un peu supérieures par précaution) ; de même, lorsqu'un fanal, à l'intérieur d'une grappe, se voit décerner le score maximal à l'issue d'un passage de messages entre fanaux actifs, ses proches voisins ne doivent pas être éliminés dans la course à la sélection d'une clique valide. Après quelques itérations, la clique recherchée ressort avec une grande probabilité grâce aux scores maxima obtenus par chacun de ses fanaux constituants.

C'est en tout cas ce qu'atteste le résultat de la simulation que nous avons effectuée puisqu'ici encore, le décodeur ne s'est pas trompé plus d'une fois sur cent. La performance est comparable (voire un peu meilleure) à celle que le réseau-décodeur affiche en cas d'effacements partiels des messages incidents. Dans les deux situations, les propriétés du codage distribué sont impeccablement exploitées par le circuit neural pour pallier les défauts de l'information incidente disponible, et cela sans qu'aucun recours à quelque fonction mathématique extraordinaire ait été nécessaire. Somme et sélection des plus actifs sont les seules opérations requises, auxquelles la neuromodulation (contrôle des seuils) peut s'adjoindre, si besoin est, pour délimiter les zones de travail.

Supra-infons

Pour en terminer avec ces compléments sur le codage et le décodage par cliques, il nous faut maintenant parler d'indépendance et d'équidistribution, de ce que l'on appelle i. i. d. dans le jargon des mathématiques probabilistes. Des variables sont dites indépendantes et identiquement distribuées (i. i. d.) quand leurs valeurs possibles sont mutuellement indépendantes et suivent la même loi de probabilité d'occurrence comme le sont, par exemple, les résultats successifs d'un jet de dé. Sans l'avoir expressément signalé à chaque fois, toutes les expériences que nous avons menées sur les réseaux de cliques – ou de tournois dans le chapitre à venir – l'ont été sur des messages i. i. d., ce qui, en termes de performance, décrit toujours la situation la plus favorable. Le rappel d'informations d'une mémoire associative, quelle qu'elle soit, est en effet plus difficile quand ce qui a été appris est fortement corrélé, les mots d'un dictionnaire par exemple. Ceux-ci partagent des racines communes, des orthographes voisines, voire identiques comme dans « les poules du couvent couvent » et les ambiguïtés potentielles sont d'autant plus nombreuses que les mots sont courts. Aucune méthode, aucun algorithme n'est capable de choisir, en bonne logique et en l'absence de tout contexte, entre « malin », « matin » et « marin » si le troisième caractère est effacé. Le type de réseau que nous avons introduit n'échappe pas à la règle. Pire encore, accumuler des infons dans des grappes dont seuls quelques fanaux sont sollicités, et non pas tous uniformément, accroît considérablement la probabilité d'apparition de fausses cliques.

Mais le néocortex ne forme pas ses infons comme on inscrit des mots au hasard sur une feuille blanche. Il y a toujours un contexte, un ensemble de processus mentaux en cours, de natures diverses et dont les plus pertinents, à un instant donné, peuvent participer à la confection d'une clique. C'est d'ailleurs le principe de la mnémotechnique qui consiste à ajouter, par la seule volonté, des connexions entre infons existants. Nous n'avons pas encore d'idée précise sur la façon dont ils s'associent pour produire de nouveaux échelons de connaissance intemporels (le chapitre qui suit, en revanche, en décrira la mécanique des enchaînements temporels). Ces liens sont-ils directs, de cliques à cliques, ou se tissent-ils à travers des zones dédiées à l'assemblage, telles que l'hippocampe dont la forte aptitude à la potentialisation à long terme (PLT) peut être éminemment propice à ce travail d'épissure ? Cette question des *supra-infons*, que l'on peut aussi appeler percepts secondaires pour rejoindre le champ de la psychologie, est fondamentale et très ouverte. Autant il est plutôt simple, comme nous le démontrons dans cet ouvrage, de bâtir une théorie de l'information mentale *pseudo-moléculaire*, autant les mécanismes de la *pseudo-polymérisation*, si l'on veut filer la métaphore chimique, nous sont encore étrangers. La découverte des principes qui régissent le picot de la dentelle corticale est un de nos défis majeurs pour les années à venir.

Quoi qu'il en soit, un infon n'étant jamais isolé, sauf peut-être dans la petite enfance de la vie corticale lors des premières acquisitions visuelles, auditives, tactiles ou olfactives, son rappel est contextuellement très dépendant. Il est potentiellement subordonné à beaucoup d'autres, au sein de multiples supra-infons, et il peut également exercer son influence, grâce aux fanaux qu'il partage avec le reste de la communauté neurale. Ces liaisons très variées et le contexte en cours agissent alors comme une contrainte de codage redondant et confèrent à l'infon, même élémentaire et aussi estropié que « ma*in », une identité suffisamment forte pour avoir, à un moment donné, un *certain sens*. Jean-Pierre Changeux le dit d'une autre façon : « Les objets mentaux n'existent pas en général "à l'état libre". Ils apparaissent à la fois indépendants et dépendants, en ce sens que nous ne pouvons nous représenter aucun objet en dehors de la possibilité de sa liaison avec d'autres. L'objet possède une *forme* qui limite ses possibilités et impossibilités *combinatoires* relativement aux autres objets[4]. » Cette forme, nous lui avons donné une structure et un nom : la clique neurale. Mais Changeux va plus loin dans son commentaire : « Les objets "s'imbriquent les uns dans les autres comme les éléments d'une chaîne" et le déroulement "irréversible" dans le temps de cette chaîne constitue, en définitive, la pensée. » Il nous faut donc, nous aussi et dès à présent, ouvrir le chapitre des chaînes. La question de la dynamique psychique n'est pas non plus mathématiquement inextricable.

Chapitre 13

DES CHAÎNES DE TOURNOIS

Nous avons démontré et quantifié l'aptitude des réseaux de cliques neurales à apprendre des myriades de messages, qu'ils soient de longueur fixe (chapitre 10) ou à géométrie variable (chapitre 12), et à les restituer complètement à partir de connaissances partielles ou déformées. Ces messages intemporels sont pour le cerveau semblables à des photographies qu'il ne cesse d'enregistrer *numériquement*, par des connexions binaires, pour se constituer et archiver sa représentation du monde. Ces clichés sont à la fois figuratifs – car les sommets des cliques sont sensoriellement ou sémantiquement explicites – et aussi abstraits que peuvent l'être des motifs géométriques aux allures de dentelle extravagante. Nous sommes en présence d'une sorte de *disque dur biologique* qui accumule les infons, non pas indépendamment les uns des autres mais selon un principe graphique très intriqué et propice aux combinaisons, ainsi bien sûr qu'aux enchaînements. Car ce disque dur qui porte l'encyclopédie intime de notre vécu mental contient également des poèmes, des chansons, des phrases toutes faites ou en devenir, des numéros de téléphone et des raisonnements. C'est un truisme que de dire que le temps est une dimension mentale fondamentale, sans laquelle notamment la conscience n'est pas, et que nous avons ignorée jusqu'à ce point parce que seule l'information, au sens strict de Shannon, nous importait.

Les liaisons entre neurones, nous l'avons déjà indiqué dans le chapitre précédent, sont majoritairement unidirectionnelles, d'axones à synapses chimiques. Cette dissymétrie dans les flux des potentiels d'action n'est pas gênante pour la stabilisation des infons, dès lors que les degrés entrants et sortants de chacun des sommets de la clique ainsi dégénérée sont suffisamment grands. Ce n'est donc pas un problème pour l'information elle-même. Mais plus que toute autre chose, l'orientation des signaux ajoute cette dimension systémique qui nous manquait : le temps, le temps qui passe, inexorable, irréversible et si mentalement tangible. Cela ne va pas se compliquer pour autant, la dynamique des séquences d'infons s'expliquant aisément à l'aide des tournois, ces motifs graphiques dans lesquels les connexions ne peuvent s'établir que dans un sens, celui du temps potentiellement.

Jeu de piste

Dans le chapitre 5, nous faisions remarquer qu'il est possible de définir dans un graphe orienté une infinité de chemins de longueurs quelconques. Il est clair toutefois qu'un long chemin dans un graphe de taille finie passe nécessairement, après quelques étapes, par des nœuds déjà visités. La figure 13.1 montre sur la gauche un exemple de parcours dans une grille de 64 cases. S'agit-il de A-B-C-D-E ou de A-B-C-F-G-H-C-D-E ? Rien ne permet de le savoir. Dans les applications informatiques, plusieurs solutions peuvent être envisagées pour lever les ambiguïtés, comme l'indexage temporel ou la mémoire de liaison. Dans le néocortex, où l'information est portée par les connexions, rien de tel n'est naturel et nous devons avancer une hypothèse *purement graphique* : un parcours non équivoque dans un graphe fini est déterminé par un fléchage *multiniveaux*. La figure 13.1, sur sa partie droite, en illustre le principe. En plus de la flèche qui indique l'étape à venir immédiatement (trait plein), une autre pointe vers la suivante (tirets). Au prix d'un doublement de la densité des connexions, ce fléchage à deux niveaux détermine le parcours sans confusion possible à chaque fois que deux chemins se croisent. Dans l'exemple de la figure 13.1, lorsqu'on arrive en C en provenance de B, le fléchage entre B et F anticipe le parcours vers F et non vers D. De même, lorsqu'on revient en C à partir de H, la flèche ajoutée entre H et D oriente cette fois-ci vers D et non plus F. En étendant cette règle d'anticipation à plus d'une étape, on peut imaginer que des chemins puissent se chevaucher temporairement assez longtemps sans qu'il y ait pour autant confusion totale des parcours. Cette manière de procéder rappelle un peu les comptines de notre enfance, telles que :

> « Trois p'tits chats, trois p'tits chats, trois p'tits chats, chats, chats
> Chapeau d'paille, chapeau d'paille, chapeau d'paille, paille, paille
> Paillasson, paillasson, paillasson, son, son »

et s'il est facile de se remémorer la séquence dans son ordre chronologique naturel, il est quasiment impossible d'enchaîner les phonèmes après une quelconque permutation, à l'envers par exemple. Non seulement l'axe du temps est orienté, mais il est aussi comme renforcé par la répétition des anticipations dans la construction de la séquence.

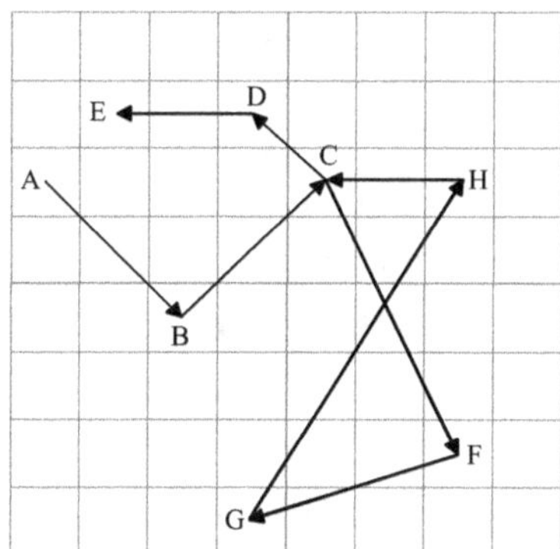 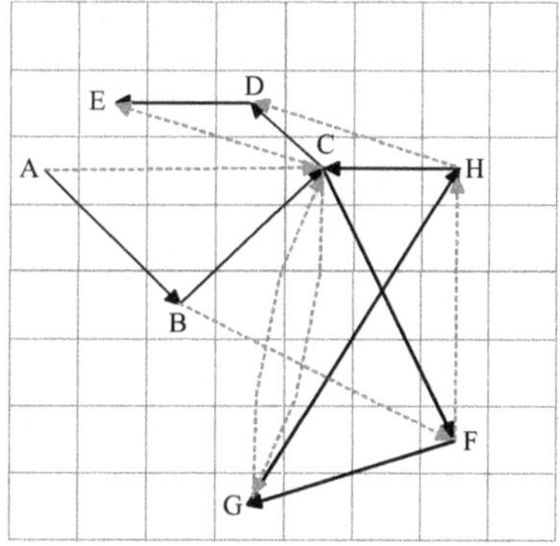

Figure 13.1. Un chemin dans un graphe orienté, ambigu (à gauche) et non ambigu (à droite) grâce au fléchage à deux niveaux.

Dans le néocortex, les cases sont des grappes (colonnes), lesquelles contiennent un grand nombre de fanaux (microcolonnes). Une séquence, par exemple à nouveau une succession de phonèmes dans l'articulation d'une phrase, peut très bien passer plusieurs fois par une même grappe et, plus rarement, par un même fanal. C'est notamment le cas dans une structure circulaire telle que celle de la figure 13.2 qui représente un réseau de huit grappes reliées par des connexions unidirectionnelles. Les fanaux de chacune de ces grappes ne peuvent recevoir de signaux que des $r = 3$ autres qui précèdent. Ce paramètre r, appelé *recouvrement temporel*, doit être suffisamment grand pour que puissent être bien discriminées les multiples séquences, potentiellement chevauchantes, mais pas trop élevé non plus pour que soit limitée la densité qui doit rester petite devant 1.

Une seule séquence très longue peut être apprise par ce réseau comme un fil qui s'enroule autour d'une bobine, ou plusieurs séquences indépendantes peuvent être mémorisées en parallèle. La lecture s'effectue à partir de la connaissance de quelques éléments consécutifs, à un endroit quelconque d'une séquence enregistrée. L'élément suivant retenu, au niveau ou à l'instant t, est celui qui obtient le score le plus élevé à partir de l'activité courante des fanaux aux niveaux $t-1$, $t-2$ et $t-3$, toujours selon la règle du « gagnant-prend-tout », le décodage se poursuivant en incrémentant le temps t. Contrairement au décodage des infons intemporels, aucun traitement itératif n'est envisageable car les connexions sont unidirectionnelles et interdisent le « retour à l'envoyeur ». En termes de taux d'erreurs dans la restitution des informations, la performance est donc un peu moins bonne que celle obtenue avec des cliques, aux connexions plus généreuses.

La figure 13.2 est celle d'un graphe construit comme une chaîne homogène de tournois dont les sommets sont des grappes : toutes les grappes appartiennent à des tournois d'ordre maximal 4 (on rappelle que l'ordre est le nombre des sommets d'un motif, qu'il soit une clique ou un tournoi). Cet exemple de réseau est bien trop régulier pour représenter fidèlement la réalité de la dynamique neurale. On peut imaginer que les recouvrements temporels dans le néocortex sont très variables, de même que les longueurs des chaînes et les dimensions des grappes. Ce principe de cheminement orienté est extrêmement simple ; c'est probablement le seul qui ne mette en œuvre que des principes graphiques, et il est suffisamment général pour décrire tout travail séquentiel dans le dédale des colonnes corticales. Si le temps mental – et la difficulté de parler à l'envers – peut se justifier par l'unidirectionnalité de nos connexions synaptiques, nous proposons également l'hypothèse que nos capacités d'anticipation verbale peuvent être expliquées par le concept de recouvrement temporel. Lorsque nous commençons à enchaîner des phonèmes pour construire une phrase, ceux qui n'ont pas encore été émis se préparent progressivement grâce aux signaux envoyés par les niveaux antérieurs et dont les sommes vont en croissant jusqu'aux instants propices des déclenchements.

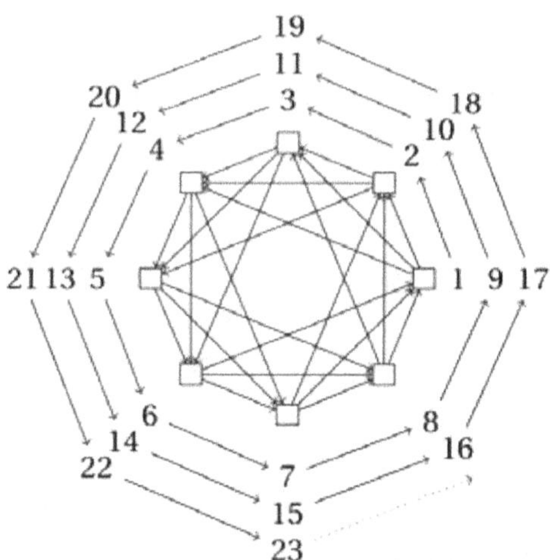

Figure 13.2. Une chaîne circulaire de tournois dont les sommets sont des grappes (matérialisées par des carrés), avec un recouvrement temporel $r = 3$. Chaque grappe est utilisée plusieurs fois dans l'apprentissage d'une séquence, laquelle s'enroule dans cette structure. Dans ce dessin, un lien entre deux grappes matérialise l^2 possibilités de connexions puisque chaque grappe contient l fanaux. Le premier caractère (phonème, note de musique, etc.) est porté par un fanal de la grappe n° 1, le second par un fanal de la grappe n° 2 et ainsi de suite jusqu'au neuvième caractère qui réutilise la grappe n° 1. Chaque fanal réquisitionné dans l'apprentissage de la séquence est relié aux trois précédents.

Plus la phrase est banale, ressassée, plus les connexions sont nombreuses et le recouvrement temporel déterminant. C'est ainsi que nous avons appris « La cigale et la fourmi ». Ce qui vient d'être dit sur le langage peut également s'appliquer à d'autres mécanismes, comme par exemple la mise en place des séquences motrices non innées, lesquelles font appel aux mêmes structures corticales que celles de l'acquisition du langage et des sons, d'après les observations les plus récentes des spécialistes[1]. En croisant certains acquis des sciences de la psychologie du langage ou de la neuromotricité sur l'apprentissage de séquences avec les caractéristiques physiques du neurone et des connexions neuronales – principalement les temps de propagation –, il devrait normalement être possible d'en déduire les valeurs de r en usage dans le néocortex. C'est l'une de nos tâches à venir.

Afin de tester la diversité d'apprentissage et la robustesse de ces chaînes de tournois, nous avons simulé un réseau circulaire de 50 grappes de 256 fanaux chacune, soit une ressource matérielle à peu près équivalente à un cent-millième de celle du néocortex. Le recouvrement temporel est régulier avec $r = 20$ et les 256 fanaux matérialisent des notes de musique de quinze hauteurs différentes, plus le silence, et de seize durées possibles. 1 800 morceaux de flûte de 1 000 notes aléatoires chacune ont pu être mémorisées avec un taux d'échec de 0,01 dans la remémoration d'une séquence complète à partir de vingt notes successives. L'efficacité dans l'utilisation de la ressource des connexions y est mesurée aux environs de 30 %. En rappelant une nouvelle fois que la quantité d'information mémorisable – y compris les séquences et quelle que soit leur nature, physiologique ou cognitive – varie comme le carré du nombre de fanaux, il est assez facile de se représenter la faculté d'apprentissage du cortex humain. Toutes les mélodies et les chansons du monde pourraient aisément y trouver leur place.

Les chaînes de tournois se prêtent donc très bien à l'acquisition de séquences de longueurs arbitraires. Ces séquences peuvent être tout autre chose que des successions d'attributs dans une seule chaîne linéaire ou circulaire. Plusieurs grappes sont susceptibles d'être activées à chaque instant t, éventuellement reliées en tant qu'infons, et c'est alors toute une symphonie qui peut être apprise ou rejouée de mémoire par le réseau devenu orchestre. Il est aussi possible d'imaginer des structures arborescentes dans lesquelles le chemin de la séquence rappelée se détermine en fonction des seuils d'activité σ propres à chacune des grappes en compétition, selon le contexte établi. Enfin, plusieurs séquences indépendantes peuvent se déployer simultanément, se rejoindre sporadiquement sur des grappes communes puis se séparer à nouveau pour satisfaire les contraintes des recouvrements temporels, ces tourbillons mentaux constituant des sortes de *threads* (petits processus) informatiques nécessaires au déroulement des programmes principaux, parmi lesquels celui que l'on appelle le raisonnement.

Une nouvelle fois, c'est la règle de Hebb qui fait tout le travail. Dans ces chaînes de tournois, elle ne se contente pas de lier ensemble les sommets du graphe qui s'activent au même temps t, mais elle est aussi capable de les connecter dans une « certaine fenêtre temporelle ». « La cigale, ayant chanté tout l'été, se trouva fort dépourvue quand la bise fut venue » : ces mots si solidement ancrés dans la mémoire de tous nos lecteurs appartiennent à une chaîne de tournois combinant des caractères, des phonèmes et des sens. Dans un contexte bien établi, en l'occurrence celui des fables de Jean de La Fontaine et de séquences tant de fois récitées durant l'enfance, l'enchaînement si naturel « la-si-ga-lé-i-an-chan-té-tou-lé-té-se-trou-va-for-dé-pour-vu » s'explique très bien par des liens d'anticipation comparables aux arcs des tournois de la figure 13.2. Sur cet exemple familier, on peut imaginer que des valeurs de r de l'ordre de 3 ou 4 puissent être suffisantes pour permettre aux phonèmes de s'articuler sans aucune hésitation jusqu'à la fin du récit : « è-bi-un-dan-sé-min-te-nan. »

Chapitre 14

L'INFORMATION MENTALE

Finalement, tout bien pesé, la vie ne se débrouille pas trop mal dans le numérique. Que ce soit A, C, G et T qu'elle transporte de génération en génération dans les robustes chromosomes, ou les alphabets des colonnes corticales qu'elle associe pour former les infons discrets d'une courte existence, c'est le numérique qu'elle a choisi pour ses tâches d'archivage, face aux agressions permanentes du monde physico-chimique. C'est la pierre angulaire de notre théorie, sans laquelle tous nos autres arguments sur l'information mentale peuvent être battus en brèche : *la mémoire cérébrale est numérique*. Que l'on comprenne bien : nous ne parlons pas ici des signaux qui servent au transport de messages divers et éphémères, d'origine externe ou interne au cortex et analogiques par nature, mais de ce que le réseau neural retient de ces signaux pour en faire son socle de références.

Pour parler en termes de systèmes non linéaires, aux mathématiques toujours inextricables quand les variables ne se comptent pas sur les doigts de la main, nous avons démontré qu'un réseau de neurones bien organisé peut contenir un nombre considérable *d'attracteurs*. Ces motifs stables et très discernables les uns des autres se constituent grâce à l'activité simultanée de petites assemblées de microcolonnes qui se connectent les unes aux autres pour « apprendre à se retrouver » en cas de besoin. Si le réseau reçoit des stimuli en rapport avec ce qu'il a déjà appris, la dynamique des échanges entre colonnes, chacune sous la férule de la loi locale du « gagnant-prend-tout », converge vers les attracteurs correspondants. Le petit nombre d'itérations qu'il faut au simulateur que nous avons programmé pour converger, montre que la restitution d'un motif peut s'effectuer très rapidement, de l'ordre de la dizaine de millisecondes pour les plus courts d'entre eux, si on tient compte des temps de propagation réels dans le système nerveux.

Disco ergo cogito

Qu'il s'agisse de messages intemporels ou de séquences, l'apprentissage s'effectue par création de connexions sans que soit altéré l'état courant des connaissances. Mais plus le réseau apprend, plus le matériel se partage. Plus également le rappel d'un infon peut avoir de l'influence sur d'autres, en particulier si des tournois rentrent dans le jeu ; c'est alors le début des associations d'idées et du raisonnement, et l'émergence de la conscience. Lors des premières années de la vie, le cortex est essentiellement une *machine à corréler*, un appareil à tisser des infons de toutes natures, physiologiques et cognitifs avec un gros appétit pour la supervenance, car tout ou presque est nouveau. Ce n'est qu'à partir d'un certain niveau de densité de connexions utiles que les informations stockées dans ce disque dur biologique peuvent se propager et éventuellement se combiner. Toutes ces données, infons puis supra-infons, sont alors disponibles pour alimenter des processus mentaux complexes, un peu comme des données numérisées peuvent servir au déroulement de programmes informatiques. Sans données, pas de programme ! Autrement dit, on ne peut penser que si on a appris, et on n'est conscient que parce qu'on a appris : *disco ergo cogito ergo sum* (j'apprends donc je pense donc je suis).

Une question essentielle se pose sur la façon dont le réseau cortical, après avoir beaucoup engrangé, commence à gérer la supervenance et la pertinence. Quels sont les mécanismes qui peuvent le conduire, ou non, à s'intéresser à des éléments de connaissance que son encyclopédie n'a pas encore assimilés ? Cette question, nous nous la posons, non pas en tant qu'apprentis psychologues mais toujours dans une problématique d'ingénierie neurale. Est-ce du ressort du réseau lui-même, pour des raisons d'énergie ou de densité de connexions, de limiter son *savoir matériel* ou bien ce filtrage est-il commandé par un aller-retour fonctionnel (cybernétique) entre le réseau lui-même et le système limbique, l'hippocampe en premier lieu ? Deux visions d'ingénieur peuvent ici s'opposer : le réseau de cliques et de tournois se suffit-il à lui-même pour le contrôle de ses accès – et si oui, quel en est le principe graphique ? – ou ce circuit n'est-il réellement qu'un banal disque dur dont les opérations d'écriture/lecture s'effectuent sous la censure de processus filtrants dédiés ? La réponse peut être mêlée. Il est possible d'imaginer, par exemple, que le rappel fréquent et simultané d'infons, initialement indépendants et non connexes, par une région périphérique du néocortex, déclenche un travail d'épissure entre les cliques correspondantes pour former un supra-infon, plus réactif et aussi plus robuste[1] que chacun des infons pris séparément. Tout ceci bien sûr n'est que spéculation mais sera bientôt mis à l'épreuve de la simulation informatique si le temps et les moyens ne nous sont pas trop comptés. « Mais toute expérience est longue et difficile, les travailleurs sont peu nombreux ; et le nombre des faits que nous avons besoin de prévoir est immense ; auprès de cette masse, le nombre des vérifications directes que nous pourrons faire ne sera jamais qu'une quantité négligeable[2]. »

Grâce au rasoir d'Ockham, nous avons démontré que de simples *liaisons binaires et excitatrices* entre neurones agrégateurs suffisent pour constituer un support de mémoire à grande diversité d'apprentissage et robuste. Cela laisse beaucoup de degrés de liberté pour expliquer diverses autres propriétés du réseau neural.

Que dire d'abord des liaisons inhibitrices dont nous n'avons pas eu besoin jusqu'à présent ? Il nous faut revenir au chapitre 6 dans lequel nous écrivions qu'une des caractéristiques de la microcolonne était de pouvoir faire taire son entourage immédiat. L'hypothèse selon laquelle l'activité d'une microcolonne, un des fanaux d'une colonne répondant à l'invitation de quelques comparses à éveiller une clique particulière, provoque l'inhibition des fanaux concurrents de la même colonne (dont on rappelle qu'ils expriment des valeurs différentes d'un même caractère et par conséquent incompatibles) est séduisante. En tout cas, elle ne s'oppose pas aux observations des biologistes qui décrivent les neurones et interneurones inhibiteurs comme des cellules aux connexions axoniques courtes et à influence locale. La centaine de neurones très variés que contient la microcolonne lui permet de jouer le rôle de « neurone-orchestre », capable d'être à la fois multi-émetteur, multi-récepteur, fanal et extincteur ! C'est bien sûr, selon notre représentation du comportement neural, la fonction du « gagnant-prend-tout » qui est mise en œuvre par les neurones inhibiteurs, entre autres. La microcolonne est certes coopérative à distance, pour former cliques et tournois, mais aussi très égoïste dans son voisinage immédiat : pas plus d'un élu par colonne, c'est la loi de son milieu ! Lorsque plusieurs microcolonnes à l'intérieur d'une même colonne cherchent à s'exprimer, par exemple en réaction à un stimulus flou (voir chapitre 12), cette bataille à coups de signaux inhibiteurs doit être assez féroce. Il est possible aussi que les cellules gliales, qui auraient donc une certaine utilité informationnelle en plus de leur importance métabolique, aient leur mot à dire dans cette histoire de compétition locale mais il s'agit là d'une hypothèse sur l'hypothèse que nous prendrons bien soin de ne pas développer.

Plasticité différentielle

Ensuite, comment pourrions-nous passer sous silence la fameuse plasticité synaptique que tout le monde, ou presque, présente comme le mécanisme fondamental de la mémoire cérébrale ? Nous n'en avons pas eu besoin non plus pour faire fonctionner nos cliques et nos tournois, sauf évidemment dans la version « tout ou rien » qui dit à la manière de Musset qu'il faut qu'une synapse soit ouverte ou fermée. Mais la plasticité existe bien, a été mille fois démontrée et joue un rôle incontestable dans la mémoire, qu'il s'agisse d'habituation ou de sensibilisation. Ce qui a été effectivement mis en évidence, c'est une certaine variabilité au cours du temps des forces synaptiques, corrélée avec l'activation des neurones. Mais cela ne représente pas pour autant une variabilité de l'information ! Ce n'est pas parce qu'on augmente ou diminue la taille d'une antenne parabolique, par exemple, qu'on reçoit une information différente. Ce qui change, c'est le rapport signal sur bruit et l'aptitude du récepteur à capter l'information, ou des bribes d'information, dans le chahut ambiant. Dans le cas des neurones, on peut raisonnablement imaginer que le renforcement d'une synapse permet à un signal plus faible – une succession plus économe de potentiels d'action – d'être aussi efficient qu'avant la modification sur le bilan ionique de la membrane postsynaptique. Cette sensibilité accrue de la cellule, relativement à l'entrée dont la réceptivité est augmentée par cette *plasticité différentielle*, peut alors servir pour des tâches de court terme, dans la mémoire de travail en particulier. Cette plasticité différentielle serait donc un des supports de la *mémoire d'activité*, à défaut d'être celui de la mémoire cérébrale. Compte tenu des valeurs élevées des degrés entrants des sommets de cliques et de tournois, la variation temporaire des forces synaptiques, par sensibilisation (renforcement) ou habituation (affaiblissement), n'a pas d'influence sur le contenu de la mémoire numérique. Mémoire informationnelle et mémoire d'activité peuvent donc être considérées indépendamment, ce qui est très avantageux lorsqu'on a la prétention de construire un cortex électronique.

Jusqu'ici, nous n'avons pas utilisé deux termes : *résonance* et *synchronisation*, pourtant très présents dans la littérature des neurosciences. Ils nous sont évidemment très naturels pour décrire l'activité d'une clique, tous les sommets répercutant sur les autres les effets de leurs contributions, dans un tempo de potentiels d'action qui s'ajuste pour tenir compte des différents temps de trajet. S'il s'agissait d'acoustique, nous parlerions d'effet Larsen, lequel comme on sait se manifeste dans un système audio bouclé, à une fréquence fixée par les fonctions de transfert des différents composants (amplificateur, haut-parleur, microphone) et par les temps de propagation. L'analyse d'un tel phénomène de résonance dans une clique dont les sommets ont des fonctions de transfert biologiques complexes et très variables dans le temps n'est certes pas immédiate. Mais elle est envisageable et mériterait d'être menée, ne serait-ce que pour tenter d'établir un lien entre la théorie des cliques neurales et les fréquences observées de l'activité mentale[3]. Nous ne résistons pas à l'envie de faire remarquer que l'être vivant est tout entier sous l'influence extérieure d'ondes, mécaniques et optiques par les sens de l'ouïe et de la vue principalement. Pourquoi en serait-il autrement dans notre cerveau ? Notre conscience ne peut-elle pas s'expliquer par le ressenti d'un flot de résonances transitoires, dont nous avançons l'hypothèse dans cet ouvrage qu'elles se propagent de cliques en cliques, par l'intermédiaire de tournois, sur le disque dur biologique ?

En quelques mots

Voici le moment de résumer notre essai de théorie de l'information mentale. D'abord, soyons modestes – nos modèles sont très rudimentaires – et circonspects – notre rasoir d'Ockham n'a-t-il pas trop élagué ? Mais nos machines fonctionnent et nous pouvons dire, avec Henri Atlan : « Les machines ont cet avantage que les principes de leur construction et les mécanismes de leur fonctionnement sont connus. Quand la méthode réussit, la conclusion qu'on peut tirer n'est certainement pas que le cerveau fonctionne en utilisant les mêmes mécanismes, mais simplement que pour la réalisation de telle fonction considérée, *tout se passe comme si* c'était ainsi[4]. »

Nous naissons, paraît-il, avec tout le matériel neuronal nécessaire au développement d'une intelligence qui se bâtit ensuite laborieusement. Les cellules se sont organisées dans le néocortex en centuries (microcolonnes), cohortes (colonnes) et légions (macrocolonnes), une grande partie d'entre elles spécialisées car spatialement déterminées. Mais c'est aussi, aux premières périodes de notre vie, l'anarchie totale dans les communications. Les connexions se sont formées dans un désordre tel qu'il suffirait à lui seul à étayer la théorie *du hasard et de la nécessité* de Jacques Monod. Cependant, les circuits sensoriels ont déjà commencé à envoyer des quantités de signaux vers les neurones corticaux tentaculaires. La corrélation commence son œuvre néguentropique salutaire : *tout ce qui s'active ensemble doit pouvoir se retrouver ensemble*. Des connexions s'établissent ou se renforcent, d'autres se défont. Les cliques se construisent par milliards, de toutes formes et de toutes tailles pour fixer des dépendances entre caractères finement quantifiés. Ces motifs n'ont pas besoin d'être parfaits, pourvu que chaque sommet contributeur ait un degré entrant suffisamment élevé. Les cliques sont donc avant tout le résultat numérisé de l'emprise insistante du monde extérieur, et deviennent les infons – percepts primaires – sur lesquels toutes sortes de processus mentaux élémentaires, conscients et inconscients, vont pouvoir ensuite se déployer. Les lois de construction et de restitution de ces infons sont très parcimonieuses : codage local économe à poids unitaire et décodage à vainqueur exclusif, codage et décodage global par corrélation de liens peu nombreux en regard de la ressource disponible.

Puis, à force d'apprentissage, les cliques se connectent à travers des chaînes de tournois pour former des séquences mentales aux parcours très divers, contrôlés par des seuils locaux d'activation. Des assemblages de cliques et de tournois à un deuxième niveau de relation, plus éloigné des capteurs physiques et qui reste à définir, donnent naissance aux concepts et à la conscience.

Lorsque le disque dur biologique a beaucoup emmagasiné, tout ou presque lui paraissant supervenant et pertinent dans les premières époques de la vie, il arrive un temps où la synaptogenèse ainsi que la myélinisation[5] s'essoufflent[6]. L'apprentissage change de nature : il devient *métaphorique* pour reprendre le terme cher à Julian Jaynes[7], c'est-à-dire fondé sur des comparaisons, des analogies et des associations. Le modèle d'un tel fonctionnement reste à découvrir et constitue un des défis majeurs de la théorie de l'information mentale, au moins pour ce qui nous concerne.

Enfin, le disque dur biologique n'est pas si dur que cela. Il possède cette propriété remarquable de mémoire à double niveau, le premier fixant l'information une fois pour toutes dans des motifs graphiques et le second, grâce à divers mécanismes temporaires parmi lesquels la plasticité différentielle, portant sur l'usage qui en est fait et l'importance qui lui est donnée à un moment particulier. Cette faculté qu'a le réseau cortical de pouvoir combiner, en une même structure, l'information, le temps et la pertinence est sans conteste la clé de sa réussite.

Chapitre 15

LE COGNITEUR

« Nous voyons que le changement synaptique est essentiel à la mémoire, mais qu'il ne se confond pas avec elle. Il n'y a pas de code, seulement un ensemble changeant de circuits correspondant à une sortie donnée. Les membres plus ou moins efficients de cet ensemble de circuits peuvent prendre des formes très variées. C'est cette propriété de dégénérescence des circuits neuronaux qui permet les changements des souvenirs particuliers lorsque surviennent de nouvelles expériences ou que le contexte change. Dans un système sélectif dégénéré, la mémoire est recatégorique et non strictement réplicative. Il n'y a pas d'ensemble prédéterminé de codes gouvernant les catégories de la mémoire, seulement la structure de population du réseau, l'état des systèmes de valeur et les actes physiques accomplis à un moment donné[1]. »

Cher lecteur, venez-vous de ressentir ce sentiment de grande perplexité que nous avons nous-mêmes éprouvé il y a quelques années en découvrant ces lignes coécrites par Gerald Edelman, prix Nobel de médecine en 1972 ? Est-ce un défaut de traduction ou ce texte reproduit-il réellement ce qu'a voulu dire, ou ne pas dire, ce grand biologiste ? Il n'y a, convenez-en, aucun fil à tirer de cette pelote de mots qui puisse aider le néophyte à commencer à comprendre les circuits de la mémoire. À nos yeux, le reste du livre, au titre pourtant très alléchant, n'apporte pas plus d'éléments exploitables. C'est là le grand problème de l'interdisciplinarité : ce qui semble clair et explicite à l'un peut paraître inconsistant à l'autre et nous-mêmes, dans cet ouvrage, avons probablement usé de raccourcis excessifs dans la présentation de nos idées. Nous avons cependant essayé d'être réalistes et de proposer des *modèles qui se voient, se manipulent et se jaugent.* Notre point de départ était lui-même très concret : le codage redondant distribué dont les multiples mises en œuvre dans les systèmes de télécommunications modernes ont prouvé l'efficacité.

En guise d'épilogue, introduisons le *cogniteur*[2], cette future machine électronique dont nous traçons actuellement les contours autour des principes de cliques et de tournois. Dans cet ouvrage, nous avons déjà fait remarquer que le modèle de neurone dont nous avons réellement besoin au niveau informationnel est rudimentaire – aussi simple que sa biologie cellulaire peut être complexe. Quelques lignes de programme ou quelques dizaines de transistors, pour rappeler les estimations comptables du chapitre 1, suffisent à décrire un fanal. Ce qui pose problème, c'est le nombre gigantesque de connexions qu'il faut pouvoir administrer lors de l'apprentissage et de la remémoration. Dans le néocortex, cela se fait tout naturellement, avec un degré de parallélisme maximal. Dans une machine électronique, différentes stratégies peuvent être envisagées selon qu'on choisit l'ordinateur multiprocesseurs, le circuit programmable de type *Field-programmable gate array* (FPGA), le circuit dédié *Application-specific integrated circuit* (ASIC) ou carrément le *System-on-chip* (SOC). Malheureusement, le *Massive-programmable-connection integrated-circuit* n'existe pas encore ! Peut-être les progrès à venir de la microélectronique 3D ou encore l'apparition du *memristor*[3] permettront-ils à ce genre de circuit encore hypothétique de voir le jour.

Notre intention, dans un premier temps, est de concevoir un démonstrateur basique constitué de quelques centaines de grappes spécialisées, contenant chacune quelques dizaines de fanaux. Le nombre de connexions programmables y sera donc de l'ordre de la centaine de millions et la diversité d'apprentissage de quelques millions d'infons, de tailles variées. Une première expérimentation consistera à confier à ce réseau les caractéristiques, caractères et attributs, de nombreux visages qu'un logiciel de traitement d'images est capable de fournir : rondeur, couleur des cheveux, forme des yeux, etc. Mais ce ne sera pas tout ; du sens sera également donné à ces visages, par exemple : jeune, chaleureux, rude, avenant, etc., sur des échelles de valeur qui seront fournies par certaines grappes dédiées.

Nous émettons donc l'hypothèse que les percepts primaires objectifs (la forme du nez) et subjectifs (gracieux) ne se distinguent pas dans leur matérialisation neurale : dans les deux cas, de simples fanaux dans des grappes. Cela suppose l'existence conjointe de grappes – ou colonnes corticales – qui, par construction et proximité avec les capteurs, auraient vocation à recueillir des éléments d'information spécifiques, de nature physique, et d'autres, plus *généralistes*, qui porteraient du sens. Ainsi, le *signifié*, pour utiliser un terme de la science sémantique, ne serait pas un caractère assigné par la neurogenèse à une grappe bien précise mais profiterait de la ressource disponible, selon une loi d'affectation qui reste encore à découvrir.

Du strict point de vue de l'ingénierie neurale, l'expression d'un sens particulier peut être vue comme l'activation d'un fanal – quelque chose de réellement matériel – que se partageraient plusieurs infons *signifiants*, tels que sucré pour la fraise, le chocolat, la betterave ou le Paris-Brest. Le signifié n'étant qu'un des caractères du signifiant parmi beaucoup d'autres, comme sucré n'est qu'un des nombreux caractères de fraise, c'est la communauté des signifiants dont il est facteur commun qui lui confère le rôle d'un sens. Un corollaire immédiat en est qu'un fanal qui n'appartiendrait qu'à un seul infon ne pourrait être porteur de sens et donc servir à la conceptualisation. C'est le partage qui fait la valeur d'un caractère sémantique et non pas un niveau ajouté de la cognition qu'on aurait d'ailleurs bien du mal à situer dans le réseau cortical. Jeff Hawkins, déjà cité dans le chapitre 2, le dit encore plus simplement : « Les objets du monde réel peuvent être concrets, comme un lézard, un visage ou une porte, ou ils peuvent être abstraits comme un mot ou une théorie. Le cerveau traite les objets abstraits et concrets de la même manière. Ils sont juste tous deux des séquences de motifs qui apparaissent ensemble et qui deviennent de plus en plus liées et prévisibles avec le temps[4]. »

Bébé cogniteur

Au moins trois difficultés importantes s'annoncent dans la mise en œuvre du premier cogniteur. D'abord, s'il est plutôt facile et rapide de transférer des informations issues de bases de données biométriques, le sens est quant à lui éminemment subjectif et ne se prête pas aisément à l'automatisation. Ce *bébé cogniteur*, il faudra bien l'éduquer petit à petit, lui inculquer des notions que seuls peuvent transmettre des parents ou des enseignants attentionnés, y compris avec leurs propres erreurs d'appréciation ! Une première expérimentation très intéressante pourra être de déterminer le nombre minimal de visages « évalués » que cette machine devra apprendre avant d'être ensuite capable d'émettre un jugement spontané sur un faciès supervenant. La réponse qui sera apportée par ce premier démonstrateur devrait nous permettre de tirer quelques enseignements sur les mécanismes du passage au fonctionnement métaphorique dont il a été question dans le chapitre précédent. La deuxième difficulté portera évidemment sur la loi d'affectation et de formatage des grappes porteuses de sens. Enfin et surtout, se posera rapidement l'énorme question du routage, c'est-à-dire la gestion de plusieurs millions de connexions programmables entre les milliers de fanaux. Si ce nombre semble être à la portée des circuits électroniques d'aujourd'hui, l'affaire sera d'une tout autre ampleur lorsque les fanaux se compteront en millions et les connexions en milliards !

L'objectif n'est pas vraiment de construire une base de données exploitable – d'autres le font mieux que nous – mais de pouvoir observer le comportement physique du réseau de cliques lorsqu'il devra répondre à des stimuli simultanés tels que « yeux bleu clair », « sourcils un peu épais » et « très souriant » par exemple. Un certain nombre de chemins vont s'activer et relier les sommets des trois grappes, le transfert des messages pouvant être orienté par des options du type : « peu m'importe de savoir si c'est un homme ou une femme » que traduiront les seuils locaux σ. En adoptant une loi de « gagnant-prend-tout » suffisamment relaxée, au moins une clique résonnera qui sera celle du visage correspondant au mieux à la requête initiale ou, si tel n'est pas le cas, la machine pourra-t-elle au moins manifester sa curiosité devant l'inconnu(e).

Ce qui aura été mis en place et testé sur les visages servira ensuite pour toutes sortes d'apprentissages liant signifiants et signifiés, sur les mots, le texte, les sons et les images animées. Aux dizaines de millions de cliques du cogniteur s'ajouteront ou se grefferont encore plus de chaînes de tournois dont la dynamique révélera, nous l'espérons, des comportements intelligibles et donc perfectibles. La plasticité différentielle apportera enfin au petit cogniteur une certaine notion du temps qui passe dans les traitements en cours.

La complexité informationnelle du néocortex peut – c'est notre hypothèse fondamentale – se réduire à celle d'un *graphe récurrent organisé* et à l'addition de quelques mécanismes de contrôle tels que les seuils d'activation, mais le nombre de variables neuronales est si grand, le réseau si vaste que seule une plateforme d'expérimentation semblable au bébé cogniteur que nous annonçons, et les versions plus matures qui s'ensuivront permettront d'en saisir les principes fonctionnels de niveau supérieur, pertinence et attention en premier lieu. Si notre optimisme n'est pas exagéré, et si le cogniteur grandit convenablement selon nos plans, peut-être pourra-t-il nous aider à mieux comprendre ce qui est susceptible de le mettre en défaut, et donc à contribuer aux progrès de la médecine neurologique. Ce serait une grande satisfaction qui s'ajouterait à celle d'avoir démontré que la théorie de l'information, sous ses aspects les plus concrets, pas nécessairement probabilistes ni toujours soumis aux lois asymptotiques des nombres infinis, a plus qu'un mot à dire dans la grande aventure des neurosciences. Celles-ci commencent à peine à nous émerveiller.

NOTES

INTRODUCTION

1. Santiago Ramón y Cajal (1852-1934), histologiste espagnol, prix Nobel de médecine 1906.

2. Rétro-ingénierie : *reverse engineering* en anglais.

3. En complet accord avec le modèle prédictif de miniaturisation micro-électronique dit « loi de Moore ». Gordon Moore, cofondateur d'Intel en 1968, prédit, dès 1965, que le nombre de transistors sur une même surface de circuit intégré et à coût constant allait doubler tous les dix-huit mois.

4. Jean Perrin (1870-1942), prix Nobel de physique 1926.

5. Alfred Fessard (1900-1982), professeur de neurophysiologie au Collège de France et Henri Atlan (né en 1931), médecin biologiste auteur de *L'Organisation biologique et la théorie de l'information*, Hermann, 1972.

Chapitre 1
LE SIÈCLE DES MACHINES PENSANTES

1. John McCarthy (1927-2011), pionnier de l'intelligence artificielle, créateur du langage de programmation LISP (prix Turing 1971) et Marvin Minsky (né en 1927), professeur émérite au Massachusetts Institute of Technology (MIT), prix Turing 1969, auteur de *La Société de l'esprit*, InterÉditions, 1988.

2. www.wolframalpha.com.

3. Claude Elwood Shannon (1916-2001) fut l'un de ces chercheurs et ingénieurs qui firent la réputation légendaire des Laboratoires Bell (*Bell Labs*, aujourd'hui propriété d'Alcatel-Lucent, dans le New Jersey, États-Unis). Outre la théorie de l'information, on y inventa ou découvrit le transistor, la cellule photoélectrique, les capteurs CCD, la contre-réaction, la modulation de fréquence ou le langage C et bien d'autres belles choses qui eurent une influence

considérable sur le progrès scientifique et technologique des soixante dernières années.

4. http://en.wikipedia.org/wiki/Intelligence_amplification.

5. Noosphère : « Sphère de la pensée humaine », néologisme popularisé par Pierre Teilhard de Chardin pour expliquer sa théorie de la « planétisation ».

6. A. M. Turing (1912-1954), mathématicien britannique, célèbre entre autres pour avoir posé *le* défi de l'intelligence artificielle (un humain ne peut savoir si c'est un autre humain ou une machine qui converse avec lui), connu sous le nom de « test de Turing ».

7. A. Cardon, *Modéliser et concevoir une machine pensante*, Vuibert, 2004.

8. F. Taddei, « Former des constructeurs de savoirs collaboratifs et créatifs : un défi majeur pour l'éducation du XXIe siècle », *Rapport à l'OCDE*, février 2009, p. 9.

9. Hippocrate, *Du régime*, 1er livre, *Œuvres VI* cité par A. Pichot, *Histoire de la notion de vie*, Gallimard, 1993, pp. 16-17.

10. J. Monod, *Le Hasard et la Nécessité*, Seuil, 1970, pp. 136-137.

11. Pour référence, la puce Tukwila d'Intel disponible en 2010 contient 2 milliards de transistors.

12. Après avoir posé « quelques » à la puissance $3 \approx 100$.

13. ENIAC pour *Electronic Numerical Integrator Analyser and Computer*, machine conçue à l'Université de Pennsylvanie à Philadelphie.

14. Ce qui est à vrai dire déjà le cas avec l'ordinateur le plus puissant du monde (en novembre 2010, Tianhe-1A, du centre national chinois de super-calcul à Tianjin) atteint 2,6 petaflop/s ($2,6 \cdot 10^{15}$ opérations par seconde), mais selon l'approche et l'architecture ordinaires des machines exécutant des pro-grammes compilés et au prix d'une consommation électrique de 4 mégawatts, soit l'équivalent de la production de 5 éoliennes à plein régime.

15. *IEEE Spectrum* est la publication phare de *Institute of Electrical and Electronics Engineers* (IEEE), la société savante la plus nombreuse au monde avec environ quatre cent mille membres.

16. R. Kurzweil, *The Singularity is Near : When Humans Transcend Bio-logy*, Viking-Penguin Books, 2005 ; voir aussi www.kurzweilai.net/the-law-of-accelerating-returns sur le site officiel de l'auteur.

Chapitre 2
L'INFORMATION

1. Léo Ferré, *C'est extra*, 1969.

2. Dans le monde des télécommunications, le concept de « radio cogni-tive » a été introduit en 1998. Il donne à l'émetteur-récepteur la faculté d'adap-ter les paramètres de la transmission (bande de fréquence, puissance d'émis-sion, modulation, codage, activité des antennes, etc.) à son environnement

pour lui permettre d'exploiter au mieux les ressources disponibles, selon les nouveaux canons des « télécommunications vertes ».

3. Oui ou non, la bataille de Marathon a-t-elle été remportée ?

4. L. Brillouin, *Science and Information Theory*, Academic Press, 1956. La néguentropie, ou entropie négative, est la mesure de l'ordre dans un système fermé. Pour beaucoup, et pour Brillouin en particulier, la néguentropie peut être comparée à l'information.

5. G. et I. Bogdanov, *Le Visage de Dieu*, Grasset, 2010, p. 245.

6. C. Berrou, « La théorie de l'information, une science qui s'émancipe », *in* A. Appriou et O. Macchi (sld), *Le Traitement de l'information en interaction avec les mathématiques et la physique*, CNRS Éditions, 2010, p. 144.

7. C. E. Shannon, « A mathematical theory of communication », *Bell System Technical Journal*, vol. 27, juillet et octobre 1948.

8. L'unité d'information, selon les recommandations de la Commission des télécommunications, est le shannon et non le bit. Le shannon a cependant beaucoup de mal à s'imposer et nous ne l'avons pas retenu non plus. Voici un exemple dans lequel l'usage du shannon pourrait éviter les confusions : un dispositif électronique attend un message numérique de 6 bits qui ne peut contenir qu'un seul 1 ; la réception de l'un d'entre eux, s'ils sont équiprobables, apporte $log_2(6) = 2{,}58$ shannons d'information et non pas 6.

9. $\dfrac{23{,}5 \text{ Meuros}}{1089 \text{ Meuros}} \approx 0{,}022$.

10. Nous n'irons pas beaucoup plus loin sur la mesure informationnelle de l'étonnement, sauf à faire observer qu'il ne peut y avoir le moindre étonnement dans la réalisation d'un événement particulier quand tous les événements possibles sont équiprobables.

11. Rudolf Clausius (1822-1888), physicien allemand, formalisa les idées introduites par Nicolas Sadi Carnot (1796-1832) sur les principes des échanges thermiques.

12. Ludwig Boltzmann (1844-1906), physicien autrichien, posa les premières pierres de la physique statistique.

13. Car $log_2(1) = 0$ et $P(x)log_2(P(x))$ tend vers 0 quand $P(x)$ tend vers 0.

14. C. Berrou, « La théorie de l'information, une science qui s'émancipe », *in* A. Appriou et O. Macchi (sld), *Le Traitement de l'information en interaction avec les mathématiques et la physique, op. cit.*, p. 134.

15. DAB : *Digital Audio Broadcasting*, diffusion audionumérique, standard européen non encore déployé en France.

16. Le codage de source, connu pour ses applications de compression numérique, vise à réduire au maximum la quantité d'information nécessaire à la transmission ou au stockage de messages. Il peut être réversible (sans pertes), telle la compression ZIP, ou irréversible (avec pertes) comme avec les normes JPEG ou MP3.

17. Voir cependant les travaux, déjà anciens, de George A. Miller sur les *chunks* (morceaux) d'information : « The magical number seven, plus or minus two, some limits on our capacity for processing information », *Psychological Review*, vol. 101, n° 2, 1956, pp. 343-352.

18. De l'anglais *supervenience*. *To supervene : to come or occur as something extraneous, additional, or unexpected.* Supervenir : arriver ou se produire comme quelque chose d'étranger, de supplémentaire ou d'imprévu.

19. *Nephrops norvegicus* : la langoustine.

20. Abduction : recherche d'une hypothèse plausible. *Cf.* J.-L. Dessalles, *La Pertinence et ses origines cognitives, nouvelles théories*, Lavoisier, 2008, pp. 106-107.

21. Bruit : grandeur physique, de même nature que le support de l'information (photon, électron, potentiel électrique, etc.) et dont l'effet vient s'ajouter à elle de façon aléatoire et non maîtrisée. Le bruit est donc l'ennemi de l'information. Dans certains cas cependant, notamment dans les systèmes distribués de traitement de l'information et donc dans le néocortex, le bruit interne peut être un partenaire apprécié pour « débloquer des situations figées ».

22. De la même façon que, dans le modèle de communication de Shannon, les fonctions d'amplification, de filtrage et de démodulation sont éléments du canal de transmission et non du récepteur.

23. J. Hawkins (avec Sandra Blakeslee), *On Intelligence*, Owl Books, 2005, pp. 5-6 (traduction des auteurs).

Chapitre 3
LE CODAGE REDONDANT

1. Au sujet de cette redondance dans l'information génétique, voir : G. Battail, *An Outline of Informational Genetics*, Morgan & Claypool Publishers, 2008, ainsi que « Heredity as an encoded communication process », *IEEE Trans. on Inform. Theory*, vol. 56, n° 2, février 2010, pp. 678-687.

2. V. Hugo, *Les Orientales*, I : *Le Feu du ciel*, 1829, avec nos excuses.

3. Par exemple mais pas par hasard dans *Codes et turbocodes*, sous la dir. de C. Berrou, Springer-Verlag, 2007.

4. Précisément $\binom{11}{2} \times 25^2 = 34\,375$ pour le nombre de substitutions possibles de 2 lettres parmi 11, l'alphabet en contenant 26. $\binom{11}{2}$ représente le nombre de combinaisons ou associations possibles de 2 éléments parmi 11.

5. Richard W. Hamming (1915-1998), chercheur aux laboratoires Bell, prix Turing 1968.

6. Soit $r_j = d_j + \sum_{i=1}^{4} d_i \quad$ (modulo 2) $\quad j = 1,\ldots,4.$

7. Strictement : « Distance minimale de Hamming », appelée ainsi en hommage à l'inventeur du premier code correcteur d'erreurs et pour la distinguer d'autres distances minimales, euclidienne par exemple.

8. Longueur normalisée des mots de code :

$$\frac{\text{longueur de } \mathbf{d} \ + \ \text{longueur de } \mathbf{r}}{\text{longueur de } \mathbf{d}} = 1 + \tau \ .$$

9. On peut montrer que le gain potentiel que peut apporter un code de facteur de mérite F dans le bilan de liaison d'un système de télécommunications (cumul des gains et pertes apportés par l'ensemble de ses composants) dont le canal est perturbé par un bruit additif blanc gaussien est proche de $10\,log_{10}(F)$ décibels (dB). Ce gain n'est positif que si F est supérieur à 1.

Chapitre 4
LE CODAGE REDONDANT REVISITÉ

1. Les télécommunications sont dites numériques car les messages transmis sont numériques. Cependant, il faut bien comprendre que le milieu physique de la transmission est toujours analogique, et que ce qui concourt à perturber cette transmission est aussi de nature analogique : des 0 et des 1 face à l'hostilité du monde des réels en quelque sorte. C'est aussi le problème de l'ADN, mais cette fois-ci avec 4 caractères au lieu de 2, lors de la mitose.

2. C'était une époque où il était légitime d'inventer un code sans en proposer les moyens du décodage. Aujourd'hui, procédés de codage et décodage forment presque toujours un tout indissociable.

3. Les codes d'Irving Reed et Gustave Solomon s'appuient sur la théorie des corps finis développée par Évariste Galois.

4. La première sonde à avoir utilisé le codage de canal dans les communications lointaines avec la terre fut *Pioneer 9*, lancée par la NASA en 1968. Un code convolutif utilise un registre à décalage, avec ou sans réintroduction de ses sorties sur son entrée selon la version, pour encoder non plus des messages de longueur fixe mais des séquences binaires de longueur arbitraire.

5. Blaise Pascal, *Pensées, Œuvres complètes*, Seuil, 1963, p. 527.

6. Cette distance minimale de 7 est obtenue pour une seule valeur à 1 à l'intérieur de la grille, où qu'elle soit, produisant trois valeurs de redondance à 1 horizontalement et trois autres verticalement. C'est exactement la situation de la figure 4.1.

7. P. Elias, « Error-free coding », *IRE Trans. Inform. Theory*, vol. PGIT-4, 1954, pp. 29-37.

8. Les lois de codage étant linéaires, il se trouve que les caractères des redondances ajoutées sur les définitions horizontales et sur les définitions verticales sont les mêmes. D'une pierre, deux coups !

9. C. Berrou, A. Glavieux et P. Thitimajshima, « Near Shannon limit error-correcting coding and decoding : Turbo-codes », *Proc. of IEEE ICC '93*, Geneva, mai 1993, pp. 1064-1070 ; ainsi que C. Berrou et coll., « La double correction des turbocodes », *La Recherche*, décembre 1998, pp. 34-37.

10. Tous les détails, et encore plus, sont disponibles dans *Codes et turbocodes, op. cit.*

11. C. E. Shannon, « A mathematical theory of communication », *op. cit.*

12. Les limites théoriques sont établies à partir d'un certain nombre d'hypothèses dont l'une, le codage aléatoire, interpelle. Un code aléatoire produit des mots de code dont les contenus binaires sont entièrement tirés au sort, avec la même probabilité (1/2) pour les 0 et les 1. Un tel procédé se prête relativement bien à l'analyse statistique et au calcul de performance idéale. En revanche, puisque aucune loi mathématique ne sert à la construction des mots de code, le décodage ne peut être effectué que par comparaison exhaustive (voir chapitre 3) et est donc inapplicable lorsque les mots de code sont très nombreux. Shannon faisait déjà remarquer que le code aléatoire peut être vu comme un « code moyen », au sens probabiliste du terme, et que rien n'interdit de penser qu'il existe un code « meilleur que la moyenne ». Jusqu'à ce jour, rien de tel n'a été découvert.

13. Les deux codes constituants du turbocode sont des codes convolutifs basés sur des registres à décalage avec boucles de rétroaction et de petites longueurs (3 ou 4).

14. J. Jaynes, *La Naissance de la conscience dans l'effondrement de l'esprit*, PUF, 1994. Dans cet ouvrage, l'auteur soutient l'idée qu'il y a trois ou quatre mille ans, l'hémisphère droit du cerveau d'*Homo sapiens* imposait son point de vue « divin » à l'hémisphère gauche : « Les deux hémisphères, dans certaines conditions, peuvent presque se comporter comme des personnes indépendantes, leur relation correspondant à celle entre l'homme et dieu pendant la période bicamérale », p. 127.

15. R. G. Gallager, « Low-density parity-check codes », *IRE Trans. Inform. Theory*, vol. IT-8, janvier 1962, pp. 21-28. Robert Gallager est aujourd'hui professeur émérite au Massachusetts Institute of Technology (MIT).

16. D. J. C. MacKay et R. M. Neal, « Good codes based on very sparse matrices », *in* C. Boyd (éd.), *Cryptography and Coding 5th IMA Conf., Lecture Notes in Computer Science*, n° 1025. Berlin, Springer, 1995, pp. 100-111.

17. Soit un message de 4 bits $\mathbf{d} = (d_1, d_2, d_3, d_4)$ auquel le code doit adjoindre $\mathbf{r} = (r_1, r_2, r_3, r_4)$. La règle de construction peut être celle-ci : le nombre de 1 dans le sous-ensemble $(d_1, d_2, r_1, r_3, r_4)$ doit toujours être pair. C'est ce que l'on appelle une contrainte de parité. Il en serait de même pour les sous-ensembles (d_1, r_2, r_3), (d_2, d_3, d_4, r_3) et $(d_3, d_4, r_1, r_2, r_4)$. Chaque variable appartient à au moins deux contraintes de codage, ce qui satisfait le principe fondamental du codage distribué. Par exemple, d_1 appartenant aux première

et deuxième contraintes dont les expressions mathématiques sont respective-
ment : $d_1 + d_2 + r_1 + r_3 + r_4 = 0$ et $d_1 + r_2 + r_3 = 0$, à chaque fois modulo 2, l'estimation de cette donnée va pouvoir bénéficier de deux informations extrin-
sèques calculées comme $d_2 + r_1 + r_3 + r_4$ et $r_2 + r_3$. Ces deux informations
s'ajoutent dans le décodeur à la valeur intrinsèque de d_1, transmise en tant
que telle. Toutes les valeurs intrinsèques reçues peuvent donc se confirmer
ou s'infirmer grâce aux informations extrinsèques, lesquelles en retour deviennent également plus fiables.

Les codes LDPC sont des codes séparables, comme les turbocodes, mais la
partie redondante **r** ne peut pas être calculée directement à partir des données
d. Les relations entre les éléments de **d** et de **r** sont implicites (une grandeur
r ne s'écrit pas simplement comme la somme modulo 2 de plusieurs données
d comme cela était le cas dans le codage de Hamming), ce qui peut être une
difficulté dans la conception du codeur électronique correspondant.

18. Dans son ouvrage *Small is Beautiful. Une société à la mesure de
l'homme* (Contretemps-Seuil, 1978), l'économiste britannique Ernst F. Schumacher
fait l'éloge des petites structures, de la décentralisation et de la subsidiarité
dans notre monde complexe. Cela pourrait être également l'acte de foi du
codage distribué.

Chapitre 5
LES GRAPHES

1. J.-P. Changeux, *L'Homme neuronal*, Fayard, 1983, p. 190 ; H. Atlan,
Entre le cristal et la fumée, Seuil, 1979.

2. Leonhard Euler (1707-1783), mathématicien et physicien suisse, à qui
l'on doit aussi, entre autres, la notion de fonction $f(x)$.

3. L'un des exemples les plus fameux d'invention fortuite, suivie d'une
formalisation mathématique très détaillée, est donné par le transistor. C'est
en mesurant des mobilités d'électrons et de trous dans le germanium que
Bardeen, Brattain et Shockley mirent en évidence, en 1948 dans les laboratoires Bell, un phénomène inattendu d'amplification de courant. Cette même
équipe ne mit pas longtemps à expliquer et à quantifier l'« effet transistor »
à l'aide des équations de la physique quantique et de la mécanique statistique.

4. Trinh Xuan Thuan, *Le Cosmos et le Lotus*, Albin Michel, 2011,
pp. 147-148.

5. La somme des entiers décroissant de $n - 1$ à 1 est égale à la somme
croissant de 1 à $n - 1$. En additionnant tous ces termes deux à deux, on
obtient $n - 1$ valeurs toutes égales à n. La double somme vaut donc $(n-1) \times n$.

6. $\dfrac{10^{11} \times 10^4}{\dbinom{10^{11}}{2}} \approx 10^{-7}$.

7. Si c est pair, $\tau = \dfrac{\dfrac{c(c-1)}{2} - \dfrac{c}{2}}{\dfrac{c}{2}} = c - 2$ et donc $F = \dfrac{2(c-1)}{1 + c - 2} = 2$. Pour c impair, c'est un peu plus favorable : $F = \dfrac{2(c+1)}{c}$.

8. Lorsqu'une arête disparaît, c'est une erreur et non un effacement qui s'introduit dans le motif (un 1 devient un 0). Le nombre d'erreurs corrigibles par un code de distance $\delta = 2 \times (c-1)$ est, selon le chapitre 4 :

$$\left\lfloor \frac{\delta - 1}{2} \right\rfloor = \left\lfloor \frac{2 \times (c-1) - 1}{2} \right\rfloor = c - 2.$$

Chapitre 6
LES NEURONES

1. W. S. McCulloch et W. Pitts, « A logical calculus of the ideas immanent in nervous activity », *Bulletin of Mathematical Biophysics*, vol. 5, 1943, pp. 115-133.

2. Louis Lapicque (1866-1952), physiologiste français.

3. À vrai dire, l'effet de ce seuil, lorsqu'il est positif, est le même que celui que pourrait avoir un certain nombre d'entrées inhibitrices actives dont la valeur cumulée serait égale à $-\sigma$ et qui jouerait un rôle similaire d'opposant. L'intérêt du modèle à seuil réside donc dans la possibilité de distinguer deux sortes de signaux, selon leurs propriétés de rémanence. Les entrées e sont celles qui peuvent avoir un effet immédiat sur l'activation du neurone et celles qui agissent sur le long terme (tels les neuropeptides, la dopamine et la sérotonine entre autres) sont prises en compte par le seuil.

4. La façon dont le neurone a organisé ses communications est absolument remarquable : son signal de sortie est transmis dans une sorte de guide d'ondes (l'axone myélinisé) sans pertes ou presque par une ou plusieurs impulsions successives de potentiel ; puis cette propagation est suivie d'une conversion tension-courant, les courants se prêtant infiniment mieux que les tensions à l'opération de sommation (lois des nœuds de Kirchhoff). Les meilleurs experts en architecture électronique et en « éco-conception » n'auraient pas fait mieux, avec les mêmes « moyens du bord ».

5. D'après D. O. Hebb, *The Organization of Behavior : A Neuropsychological Theory*, Wiley, 1949, p. 62.

6. E. Kandel, *À la recherche de la mémoire*, chap. 9, Odile Jacob, 2007.

7. *Feedforward* : voilà bien un mot, très usité dans la littérature des sciences de l'information, qui n'a pas encore trouvé de traduction parfaite en français. Unidirectionnel n'en est qu'une approximation. « Sans retour immédiat d'information de l'aval vers l'amont » serait plus exact, mais aussi bien plus lourd.

8. E. Kandel, *À la recherche de la mémoire, op. cit.*, p. 147.

9. Les cellules gliales, plus nombreuses que les neurones dans le cerveau humain, sont les « petites ouvrières » chargées de l'intendance, en particulier de l'apport de nutriments et d'oxygène aux cellules qui transmettent l'influx nerveux.

10. L'organisation en colonnes du cortex a été mise en évidence par Vernon B. Mountcastle, neuroscientifique de l'Université Johns Hopkins (États-Unis), dans les années 1950.

Chapitre 7
LES RÉSEAUX DES NEURONES

1. Frank Rosenblatt (1928-1971), informaticien de l'Université Cornell.

2. Le patronyme breton Le Cun est devenu LeCun à l'Université de New York. Voir http://yann.lecun.com/ex/fun/index.html et la petite histoire : *No, your name can't possibly be pronounced that way* (Mais non, votre nom ne se prononce pas comme ça !).

3. Y. LeCun *et al.*, « Handwritten digit recognition with a back-propagation network », *Advances in Neural Information Processing Systems*, 1990, pp. 396-404.

4. John Hopfield, physicien américain né en 1933, est aujourd'hui professeur de biologie moléculaire à l'Université de Princeton.

5. On peut toutefois citer les « machines de Boltzmann » qui sont semblables dans leur construction aux réseaux de Hopfield mais dans lesquelles l'activation des neurones, au lieu d'être déterministe, est fixée par une loi stochastique.

6. Plus généralement, après l'apprentissage de M messages $\mathbf{d}^m$ binaires : $(d_1^m,...,d_n^m)$, avec $1 \le m \le M$ et $d_i^m = \pm 1$, les poids sont calculés selon la relation : $w_{ij} = \sum_{m=1}^{M} d_i^m d_j^m$.

7. Un parallèle très pertinent peut être fait avec la technique du *Code Division Multiple Access* (CDMA) utilisée en téléphonie cellulaire.

8. Le traitement synchrone rend cependant possible une écriture matricielle du processus itératif : si $\mathbf{x}^\tau$ représente au temps τ le vecteur-colonne des valeurs des neurones, appelé état du réseau, la mise à jour au temps $\tau + 1$ est simplement décrite par : $\mathbf{x}^{\tau+1} = \text{sgn}(\mathbf{W}\mathbf{x}^\tau)$ où $\mathbf{W}$ est la matrice des poids synaptiques, symétrique et à diagonale nulle, et où la fonction sgn renvoie la valeur $+1$ ou -1 suivant le signe, positif ou négatif, de chacun des éléments du produit matrice-vecteur $\mathbf{W}\mathbf{x}^\tau$.

9. Cette énergie se calcule sous la forme $-{}^t\mathbf{x}^\tau\mathbf{W}\mathbf{x}^\tau$, où ${}^t\mathbf{x}^\tau$ représente le vecteur d'état transposé à l'instant τ (*i. e.* écrit en ligne et non en colonne comme $\mathbf{x}^\tau$).

10. Classiquement, cette limite de l'apprentissage des réseaux de Hopfield est appelée capacité. Nous préférons réserver ce terme à la quantité binaire maximale que le réseau peut acquérir. Celle-ci se déduit de la diversité par une simple multiplication par n, puisque tous les messages ont cette longueur.

11. R. J. McEliece, E. C. Posner, E. R. Rodemich et S. S. Venkatesh, « The capacity of the Hopfield associative memory », *IEEE Trans. Inform. Theory*, vol. IT-33, 1987, pp. 461-482.

12. Précisément, $M_{max} = \dfrac{n}{2\,log(n)}$ où *log* représente le logarithme naturel (népérien).

13. Puisque le réseau de Hopfield contient $\dfrac{n(n-1)}{2}$ connexions et que chacune de ces connexions est caractérisée par un poids qui peut prendre $M+1$ valeurs, la mémoire utilise $\dfrac{n(n-1)}{2}\,log_2(M+1)$ bits. L'efficacité η s'en déduit, pour $M = M_{max}$ et n grand, et est donnée par la formule suivante, un peu indigeste mais révélatrice de la faiblesse des réseaux de Hopfield :

$$\eta = \frac{C_{max}}{\dfrac{n(n-1)}{2}\,log_2(M_{max}+1)} \approx \frac{1}{log(n)\,log_2\!\left(\dfrac{n}{2\,log(n)}+1\right)}$$

Chapitre 8
CODES, CORTEX, CYCLES, CLIQUES
ET CORRÉLATION

1. L'entropie – la mesure du désordre – ne peut qu'augmenter ou au mieux rester constante dans un système fermé.

2. E. Schrödinger, *Qu'est-ce que la vie ? De la physique à la biologie*, chapitre VI : *Ordre, désordre et entropie*, Christian Bourgois, 1986, p. 131 : « Comment pourrions-nous exprimer en fonction de la théorie statistique la merveilleuse faculté que possède un organisme vivant de ralentir sa chute vers l'équilibre thermodynamique, la mort ? Nous l'avons déjà dit : "Il se nourrit d'entropie négative", comme s'il attirait vers lui un courant d'entropie négative afin de compenser l'accroissement d'entropie qu'il produit en vivant et se maintenir ainsi à un niveau d'entropie stationnaire et suffisamment bas. »

3. P. Teilhard de Chardin, *Science et Christ*, Seuil, 1965, p. 125 : « Jusqu'ici, la Science a pris l'habitude de ne construire le Monde physique qu'avec les éléments entraînés, par les lois du hasard et des grands nombres, vers une atténuation grandissante des énergies interchangeables, et vers une diffusion inorganisée. L'Humanité, dès lors qu'on accepte d'y voir un phénomène physique, nous oblige définitivement à concevoir, en face ou au travers

de ce premier courant universel, une autre irréversibilité fondamentale : celle qui mènerait les choses, en sens inverse du probable, vers des constructions toujours plus improbables, toujours plus largement organisées. »

4. H. Atlan, *L'Organisation biologique et la théorie de l'information*, Hermann, 1972, p. 233.

5. Addition modulo 2 de deux valeurs binaires : $0+0=1+1=0$; $0+1=1+0=1$.

6. Même si le code est linéaire, le décodeur associé exécute des opérations non linéaires dans son travail de discrimination.

7. Nous parlons toujours ici des circuits récurrents du néocortex. Dans d'autres parties du système nerveux – celles qui n'ont pas vocation à mémoriser l'information – la vigueur du signal et sans doute aussi ses propriétés temporelles sont probablement de grande importance informationnelle.

Chapitre 9
LA PARCIMONIE

1. Voir par exemple Philippe Gautier et Laurent Gonzalez, *L'Internet des objets. Internet mais en mieux*, Afnor Éditions, 2011.

2. En particulier l'article de Longnian Lin *et al.*, « Identification of network-level coding units for real-time representation of episodic experiences in the hippocampus », *Proceedings of the National Academy of Science*, vol.102, n° 17, avril 2005, pp. 6125-6130, dans la conclusion duquel on peut lire : « Un problème central dans l'étude du codage neural est la variabilité de l'activation des neurones lorsqu'ils sont considérés un à un. Cette variabilité individuelle pose un défi théorique pour comprendre la façon dont le cerveau réalise l'encodage et le décodage en temps réel des tâches comportementales qu'il doit accomplir. [...] Le principe de l'activation conjointe de neurones dans une clique neurale fournit un modèle de réseau plausible pour expliquer comment le système nerveux peut encoder et traiter l'information comportementale en temps réel » (traduction des auteurs).

3. F. J. MacWilliams et N. J. A. Sloane, *The Theory of Error-Correcting Codes*, North-Holland, 1979, pp. 526-527.

4. Car $2^{log_2(n)} = n$.

5. Seulement 2 caractères sont à changer pour passer d'un mot de code à un autre.

6. $F = \dfrac{2log_2(n)}{n}$.

7. Car il y a plus de bits transmis que de bits d'information (c'est le principe même du codage redondant).

8. Affaiblissement aléatoire du signal combiné avec un bruit additif.

Chapitre 10
LES CLIQUES NEURALES

1. La transitivité d'une relation mathématique peut s'exprimer simplement de la façon suivante : si x est en relation avec y et y avec z alors x est en relation avec z.

2. Empruntons à Wikipédia sa définition : « L'ontologie est l'ensemble structuré des termes et concepts représentant le sens d'un champ d'informations. »

3. K. Devlin, *Logic and Information*, Cambridge University Press, 1991 ainsi que « Jon Barwise's papers on natural language semantics », *The Bulletin of Symbolic Logic*, vol. 10, n° 1, mars 2004, pp. 54-85.

4. B. Goertzel, *Chaotic Logic*, Plenum Press, 1994, p. 67.

5. J.-P. Changeux, *L'Homme neuronal, op. cit.*, p. 186.

6. J. Jaynes, *La Naissance de la conscience dans l'effondrement de l'esprit, op. cit.*, p. 64 : « Il y a donc toujours deux termes dans la métaphore : la chose à décrire, que j'appellerai le métaphrande, et la chose ou le rapport utilisé pour l'élucider, que j'appellerai le métapheur. Une métaphore est toujours un métapheur connu s'appliquant à un métaphrande moins connu. »

7. Le nombre de connexions possibles dans le réseau de c grappes de l fanaux est $\binom{c}{2} l^2 = \dfrac{c(c-1)}{2} l^2$.

8. Rigoureusement, cette probabilité s'écrit : $1 - \left(1 - \dfrac{1}{l^2}\right)^M$.

9. Le code économe est un code bien sympathique. Chaque mot de code ne possède qu'un seul caractère à la valeur 1 et tous les autres sont à 0 ; si l'on ne sait rien du mot de code, tous les caractères prennent la valeur 0. Il n'est donc pas nécessaire d'introduire une quelconque valeur neutre comme on doit le faire avec les décodeurs usuels (*cf.* chapitre 3).

10. Si l'on note n_{ij} le $j^{ième}$ fanal de la $i^{ème}$ grappe, $v(n_{ij})$ la valeur de ce fanal et $w_{(i'j')(ij)}$ l'état, 0 ou 1, de la connexion entre les fanaux $n_{i'j'}$ et n_{ij}, alors la règle de décodage global s'écrit :

$$\forall i,j, \quad v(n_{ij}) \leftarrow \sum_{i'=1}^{c} \min\left(\sum_{j'=1}^{l} w_{(i'j')(ij)} v(n_{i'j'}), 1 \right) + \gamma v(n_{ij})$$

La valeur d'un fanal $v(n_{ij})$ se calcule donc comme la somme des connexions qu'il possède avec d'autres fanaux actifs, mais la contribution d'une grappe d'indice i' à $v(n_{ij})$ ne peut être supérieure à celle d'un seul fanal, ce qui explique la fonction minimum (min) mise en œuvre, à l'intérieur de chaque grappe d'indice i', sur l'ensemble des fanaux d'indices j'. En effet, une grappe qui contient plusieurs fanaux actifs, et donc un attribut équivoque, ne doit pas contribuer davantage à la valeur d'un fanal prise dans une autre grappe que si un seul fanal s'exprimait (cas idéal). En d'autres termes, l'ambiguïté est tolérée, provisoirement, mais pas récompensée ! Par conséquent, la somme des signaux en provenance de la grappe d'indice i' est écrêtée à la valeur 1. À cette contribution des fanaux distants vient s'ajouter un terme de rémanence locale, paramétrée par γ (gamma). Ce terme autorise le maintien partiel de la décision prise sur le fanal dans le passé, mais il ne doit pas être surdimensionné pour éviter l'entretien d'erreurs. Nos meilleurs résultats de simulation sur ordinateur ont été obtenus dans la plupart des applications avec $\gamma = 1$.

Localement, les codes économes se décodent suivant le processus le plus démocratique qui soit : le fanal n_{ij} dont la valeur $v(n_{ij})$ donnée par la relation plus haut est la plus élevée dans la $i_{ème}$ grappe est élu. Cette valeur maximale qui, selon cette relation avec $\gamma = 1$, est un entier inférieur ou égal à c, est alors fixée à 1 (fanal actif) et les valeurs des fanaux concurrents à 0 (fanaux éteints). Si la valeur la plus élevée est commune à plusieurs fanaux, c'est-à-dire s'il y a ambiguïté, ces fanaux en ballottage peuvent tous rester actifs. L'itération suivante pourra aider à les départager.

11. J.-P. Changeux, *L'Homme neuronal, op. cit.*, pp. 226-227.

12. M. H. Histed, V. Bonin et R. C. Reid, « Direct activation of sparse, distributed populations of cortical neurons by electrical microstimulation », *Neuron*, vol. 63, n° 4, 27 août 2009, pp. 508-522.

Chapitre 11
QUELQUES CHIFFRES

1. $\dfrac{n(n-1)}{2}$ arêtes pour le réseau complet de n nœuds et

$$\binom{c}{2} l^2 = \frac{c(c-1)}{2} l^2 = \frac{n(n-l)}{2}$$ pour le réseau de c grappes de l fanaux.

2. C'est le cas si l'encodage des caractères s'effectue selon une norme de l'ASCII étendu, comme le très usuel ISO 8859-1.

3. Selon les équations de la note 10 du chapitre 10, le score maximum d'un fanal est c. Il est obtenu en ajoutant les $c-1$ contributions des autres sommets de la clique (s'ils sont actifs) et celle due à l'effet mémoire (avec $\gamma = 1$).

4. $\binom{8}{2} \times 256^2 \approx 1,8 \times 10^6$.

5. Considérons cette petite expérience : un sac contient, en très grand nombre, autant de boules blanches que de boules noires. La probabilité de tirer l'une des deux couleurs reste donc toujours 0,5, même après plusieurs tirages. Nous prélevons au hasard une première boule et la glissons dans un

second sac, initialement vide. La couleur obtenue nous a apporté un premier bit d'information. Puis nous répétons cette opération sept fois pour obtenir à la fin un octet, puisque chaque tirage a contribué à hauteur d'un bit. Le second sac a été rempli par les huit boules, mais il est loin de contenir 8 bits d'information ! L'ordre, en effet, a été perdu. Un petit calcul de probabilités sur les combinaisons possibles à l'intérieur du second sac montre qu'il ne contient plus qu'environ 2,5 bits d'information.

6. D'après V. Gripon et C. Berrou, « Sparse neural networks with large learning diversity », *IEEE Transactions on Neural Networks*, vol. 22, n° 7, juillet 2011, pp. 1087-1096.

7. En regroupant les caractères par 2 et en limitant la densité du réseau à 0,1 environ.

Chapitre 12
DES CLIQUES, MAIS ENCORE...

1. Nous n'ignorons pas cependant la réalité de la *plasticité cérébrale* qui est la propriété merveilleuse du néocortex de pouvoir reconfigurer ses colonnes et macrocolonnes pour lui permettre de répondre à un nouveau besoin fonctionnel. L'échelle de temps dans la plasticité cérébrale est bien sûr très différente de celle de la plasticité synaptique.

2. H. Poincaré, *La Science et l'Hypothèse*, 1908.

3. Le décodage est d'autant plus aisé que la page est éloignée des yeux, ce phénomène étant connu des promoteurs de la méthode globale de lecture, lesquels ne sont pas tous des défenseurs de l'orthographe !

4. J.-P. Changeux, *L'Homme neuronal, op. cit.*, p. 181.

Chapitre 13
DES CHAÎNES DE TOURNOIS

1. A. M. Leaver, J. Van Lare, B. Zielinski, A. R. Halpern et J. P. Rauschecker, « Brain activation during anticipation of sound sequences », *The Journal of Neurosciences*, vol. 29, n° 8, 2009, pp. 2477-2485.

Chapitre 14
L'INFORMATION MENTALE

1. Il est intéressant de remarquer qu'une clique (ou un tournoi) qui multiplie ses liens avec d'autres motifs renforce les degrés entrants et sortants de ses sommets et devient donc plus résiliente et correctrice. Elle bénéficie non seulement de la redondance graphique qui lui est propre mais aussi de celle qui est lui apportée par le supra-infon. Le parallèle avec un code correcteur

concaténé est évident et peut expliquer comment un souvenir non remémoré depuis très longtemps et protégé par plusieurs couches de redondance peut resurgir avec une grande précision, même si les connexions locales ont été très affaiblies. Ce renforcement des informations anciennes par les plus récentes est également l'un des éléments de la théorie développée par Gérard Battail (voir note 1 chapitre 3), sur la protection accrue des gènes ancestraux par l'addition (codée) de gènes plus tardifs. Réciproquement, un infon qui a établi peu de relations avec son environnement cognitif et n'est donc plus entretenu que par sa seule structure de clique peut avoir tendance à s'effacer. Ce « droit à l'oubli » est fondamental dans les sciences de la psychologie.

2. Henri Poincaré, *La Science et l'Hypothèse*, 1902.

3. Dans l'ordre croissant des fréquences, entre quelques Hertz et près d'une centaine de Hertz : delta, thêta, alpha, bêta, gamma.

4. H. Atlan, *L'Organisation biologique et la théorie de l'information, op. cit.*, p. 125.

5. Formation d'une gaine protectrice autour de l'axone. Cette gaine isolante de myéline permet à l'influx nerveux de se propager beaucoup plus rapidement, à plus de 100 m/s, dans les longues connexions.

6. Les avis divergent sur la période de la vie humaine pendant laquelle ce changement crucial de comportement se produit, au début de l'âge adulte disent prudemment les experts qui ont rédigé *Comprendre le cerveau : naissance d'une science de l'apprentissage*, OCDE, 2007, p. 50.

7. J. Jaynes, *La Naissance de la conscience dans l'effondrement de l'esprit, op. cit.*, p. 63.

Chapitre 15
LE COGNITEUR

1. G. M. Edelman et G. Tononi, *Comment la matière devient conscience*, Odile Jacob, 2000, p. 120.

2. Cogniteur est un mot obsolète de la langue française, synonyme de penseur. Il apparaît dans une thèse de philosophie canadienne : Yvan Pelletier, *La Connaissance confuse, principe et fondement permanent du bien achevé de l'intelligence spéculative*, thèse de philosophie, Université de Laval, 1974, p. 92. (http://docteurangelique.free.fr/livresformatweb/theses/ConnaissanceConfuse.pdf).

3. Le memristor est un conducteur ohmique dont la valeur de résistance dépend de la quantité de courant qui l'a traversé. Voir D. B. Strukov, G. S. Snider, D. R. Stewart et R. S. Williams, « The missing memristor found », *Nature*, 453, mai 2008, pp. 80-83 et également M. Versace et B. Chandlet, « The brain of a new machine », *IEEE Spectrum*, décembre 2010, pp. 30-37.

4. J. Hawkins (avec Sandra Blakeslee), *On Intelligence, op. cit.*, p. 128 (traduction des auteurs).

INDEX

REMERCIEMENTS

Les auteurs expriment leur gratitude à M. Nicolas Witkowski, leur éditeur, pour les avoir conseillés dans la rédaction de l'ouvrage. Son goût pour l'expression scientifique « à la ligne claire » fut pour eux un constant et précieux aiguillon.

Ils remercient également Mme Dominique Massaloux et MM. Godefroy Dang Nguyen, Bernard Hennion, Michel Jézéquel et Dominique Pastor pour leurs commentaires avisés ainsi que M. Xiaoran Jiang qui a mis au point le programme de simulation des chaînes de tournois dont les résultats sont reportés dans le chapitre 13. Les auteurs sont également redevables au Conseil européen de la recherche qui a décidé en 2011 de financer le développement du cogniteur.

TABLE

Cet ouvrage a été transcodé et mis en pages
chez NORD COMPO (Villeneuve-d'Ascq)
N° d'impression :
N° d'édition : 7381-2838-X
Dépôt légal : septembre 2012

Imprimé en France